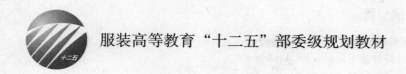

服装高等教育"十二五"部委级规划教材

数字化服装设计
——三维模拟试衣技术

陈桂林　著

中国纺织出版社

内 容 提 要

VSD是服装可视缝合设计技术（Visible Stitcher Design Technology）的英文缩写，可视缝合设计技术是在服装CAD系统三大成熟模块（打板、推板、排料）之后发展的技术。服装企业使用可视缝合设计技术，可以在模拟样衣的制作过程中缩短新款服装的设计时间，从而大大减少成衣的生产周期。

本书以微思服装VSD软件为基础平台，系统地介绍可视缝合设计技术中的三维人体扫描测量技术、二维服装样板设计、三维仿真模拟试衣操作与工业应用技术，并结合微思服装VSD软件的各种功能，以具体的操作步骤指导读者进行可视缝合设计操作。

本书既可作为高等服装院校服装专业教材，也可供服装企业技术人员、短期培训学员、服装爱好者阅读参考。

图书在版编目（CIP）数据

数字化服装设计：三维模拟试衣技术／陈桂林著 .—北京：中国纺织出版社，2012.11

服装高等教育"十二五"部委级规划教材

ISBN 978-7-5064-8583-8

I.①数… II.①陈… III.①数字技术—应用—服装设计—高等学校—教材 IV.① TS941.2

中国版本图书馆 CIP 数据核字（2012）第 080048 号

策划编辑：宗 静 刘晓娟 责任编辑：韩雪飞
责任校对：梁 颖 责任设计：何 建 责任印制：何 艳

中国纺织出版社出版发行
地址：北京东直门南大街6号 邮政编码：100027
邮购电话：010 — 64168110 传真：010 — 64168231
http://www.c-textilep.com
E-mail:faxing@c-textilep.com
北京鹏润伟业印刷有限公司印刷 各地新华书店经销
2012年11月第1版第1次印刷
开本：787×1092 1/16 印张：13.5
字数：170千字 定价：52.00元

凡购本书，如有缺页、倒页、脱页，由本社图书营销中心调换

前言

  随着人们对物质文化生活的不断追求，人们对服装产品的时尚化需求更加强烈，同时对服装质量的要求也更高，追求服装的适体性就是其中的一项需求。要想满足这种需求，精确的人体测量是必不可少的。传统的手工人体测量技术较之三维人体测量技术存在着效率低、误差较大等不足，三维人体测量技术克服了传统的手工人体测量技术的这些缺点，使服装的设计和生产的效率及质量得到提升。它可以较快地获得较为精确的测量数据，从而使服装企业能够更迅捷地应变时尚元素的快速更新，从而满足人们对服装更高标准的需求。

  服装数字化这一高新科学技术正在日新月异地发展着，并且在服装产业中起着令人不可小觑的作用。它的影响正在日益深入，给服装企业带来更多的挑战、机遇和利润。随着人们对服装的质量和品位要求越来越高，服装市场竞争更加激烈，数字化这一高新科学技术在服装行业中的应用越发显示出其必然的趋势。

  本书采用国际最先进的服装VSD技术——微思服装VSD系统为例进行实操讲解。微思服装VSD软件在国内已有6年的工业应用历史，李宁、耐克、乔丹等知名企业都是微思服装VSD软件的用户，本书中的例子好多是用户企业提供的素材。本书完全遵循模拟制衣的五大过程，即"立体人体模特→二维衣片纸样制作→缝合→试穿→样板修正"的顺序编写。本书最大的特点，就是在每章节中都有大量做图实例，图文并茂，对照软件的各项功能及服装设计的实例，手把手教读者绘制每一步，具有非常强的实践性，在书中将理论与基本实践能力、综合实训能力和设计创新能力相结合，形成理论教学内容与市场需求密切接轨的特色教材。

  本书的编写紧紧围绕"学以致用"的宗旨，尽可能地使教材通俗易懂，便于自学。本书不仅是服装高等教育"十二五"部委级规划教材，同时也可作为社会培训机构、服装企业技术人员的学习参考工具书。

  本书在编写过程中得到了上海微思服装科技有限公司首席执行官汪小林先生的大力支持，在此表示衷心的感谢！

  由于编写时间仓促，本书难免有不足之处，敬请广大读者和同行批评赐教，提出宝贵意见。

2012年5月 于深圳

出版者的话

《国家中长期教育改革和发展规划纲要》中提出"全面提高高等教育质量"，"提高人才培养质量"。教育部教高[2007]1号文件"关于实施高等学校本科教学质量与教学改革：工程的意见"中，明确了"继续推进国家精品课程建设"，"积极推进网络教育资源开发和共享平台建设，建设面向全国高校的精品课程和立体化教材的数字化资源中心"，对高等教育教材的质量和立体化模式都提出了更高、更具体的要求。

"着力培养信念执著、品德优良、知识丰富、本领过硬的高素质专门人才和拔尖创新人才"，已成为当今本科教育的主题。教材建设作为教学的重要组成部分，如何适应新形势下我国教学改革要求，配合教育部"卓越工程师教育培养计划"的实施，满足应用型人才培养的需要，在人才培养中发挥作用，成为院校和出版人共同努力的目标。中国纺织服装教育学会协同中国纺织出版社，认真组织制订"十二五"部委级教材规划，组织专家对各院校上报的"十二五"规划教材选题进行认真评选，力求使教材出版与教学改革和课程建设发展相适应，充分体现教材的适用性、科学性、系统性和新颖性，使教材内容具有以下三个特点：

（1）围绕一个核心——育人目标。根据教育规律和课程设置特点，从提高学生分析问题、解决问题的能力入手，教材附有课程设置指导，并于章首介绍本章知识点、重点、难点及专业技能，增加相关学科的最新研究理论、研究热点或历史背景，章后附形式多样的思考题等，提高教材的可读性，增加学生学习兴趣和自学能力，提升学生科技素养和人文素养。

（2）突出一个环节——实践环节。教材出版突出应用性学科的特点，注重理论与生产实践的结合，有针对性地设置教材内容，增加实践、实验内容，并通过多媒体等形式，直观反映生产实践的最新成果。

（3）实现一个立体——开发立体化教材体系。充分利用现代教育技术手段，构建数字教育资源平台，开发教学课件、音像制品、素材库、试题库等多种立体化的配套教材，以直观的形式和丰富的表达充分展现教学内容。

教材出版是教育发展中的重要组成部分，为出版高质量的教材，出版社严格甄选作者，组织专家评审，并对出版全过程进行跟踪，及时了解教材编写进度、编写质量，力求做到作者权威、编辑专业、审读严格、精品出版。我们愿与院校一起，共同探讨、完善教材出版，不断推出精品教材，以适应我国高等教育的发展要求。

中国纺织出版社

教材出版中心

教学内容及课时安排

章/课时	课程性质/课时	节	课程内容
第一章 （6课时）	基础概论 （14课时）	●	数字化服装的基本概念
		一	数字化服装的概念
		二	数字化服装产业现状与发展
		三	认识服装VSD
第二章 （8课时）		●	数字化服装设计技术
		一	数字化面料视觉设计
		二	数字化服装设计
		三	三维人体扫描测量技术
		四	数字化服装定制
第三章 （20课时）	应用理论 （20课时）	●	微思服装VSD系统功能介绍
		一	微思服装VSD系统的特点
		二	微思服装VSD系统界面与菜单介绍
		三	二维设计系统
		四	三维设计系统
		五	素材库
		六	常用工具操作方法
第四章 （6课时）	实践课程 （38课时）	●	可视缝合设计技术快速入门
		一	女式衬衫
		二	连衣裙
第五章 （32课时）		●	微思服装VSD系统应用实例
		一	无领衬衫
		二	牛仔裤
		三	职业装
		四	时装
		五	内衣
		六	男裤
		七	男式夹克
		八	男式T恤

注　各院校可根据自身的教学特色和教学计划对课程时数进行调整。

目录

第一章　数字化服装的基本概念 ················· 002

第一节　数字化服装的概念 ················· 002

第二节　数字化服装产业现状与发展 ················· 009

第三节　认识服装VSD ················· 016

第二章　数字化服装设计技术 ················· 022

第一节　数字化面料视觉设计 ················· 022

第二节　数字化服装设计 ················· 024

第三节　三维人体扫描测量技术 ················· 029

第四节　数字化服装定制 ················· 032

第三章　微思服装VSD系统功能介绍 ················· 036

第一节　微思服装VSD系统的特点 ················· 036

第二节　微思服装VSD系统界面与菜单介绍 ················· 045

第三节　二维设计系统 ················· 062

第四节　三维设计系统 ················· 065

第五节　素材库 ················· 072

第六节　常用工具操作方法 ················· 078

第四章　可视缝合设计技术快速入门 ················· 092

第一节　女式衬衫 ················· 092

第二节　连衣裙 ················· 116

第五章　微思服装VSD系统应用实例 ················· 150

第一节　无领衬衣 ················· 150

第二节　牛仔裤 ················· 158

第三节　职业装 ················· 165

第四节　时装 ················· 172

第五节　内衣 ················· 180

第六节　男裤 ……………………………………………………………… 186

第七节　男式夹克 ………………………………………………………… 191

第八节　男式T恤 ………………………………………………………… 197

附录 …………………………………………………………………… 204

附录1　微思服装VSD软件快捷键介绍 ………………………………… 204

附录2　微思服装VSD软件英汉词汇对照表 …………………………… 205

后记 …………………………………………………………………… 206

数字化服装的基本概念

课题名称： 数字化服装的基本概念

课题内容： 数字化服装的概念
数字化服装产业现状与发展
认识服装VSD

课题时间： 6课时

训练目的： 让学生了解数字化服装的概念、产业现状与发展趋势及认识服装VSD等。

教学方式： 讲解法

教学要求： 1.让学生了解数字化服装的概念。

2.让学生了解数字化服装产业现状。

3.让学生了解数字化服装产业发展趋势。

4.让学生了解服装VSD系统软件。

第一章　数字化服装的基本概念

第一节　数字化服装的概念

　　21 世纪，数字化技术广泛应用于服装、广告、影视、动画等行业。数字化技术的应用给传统的设计方法注入了新的理念，将想象通过计算机变为现实，将看似毫无关联的内容结合起来，产生新的构思和创意。数字化技术使服装产业的机械化和自动化程度随之提高，给服装设计师也带来了巨大的灵感和震撼。

　　服装工业与服饰文化的演变是伴随人类文明进步而发展的。从 20 世纪 80 年代起，随着计算机技术的日益发达，服装行业也开始进入服装高新技术和信息技术的变革时代。服装数字化技术已经涵盖了整个服装生产的过程，包括服装设计、样板制作、推板、成衣信息管理、流程控制、电子商务等方面。

一、服装成衣的数字化设计

（一）服装款式设计

　　进入 21 世纪，数字化技术广泛应用于服装设计与生产中。它给传统的服装设计注入了新的理念。数字化服装设计是融计算机图形学、服装设计学、数据库、网络通讯等知识于一体的高新技术。

　　从广义的角度看，服装设计包括从服装设计师的构思款式图开始到服装生产前的整个过程，基本上可以分为款式设计、结构设计、工艺设计三个部分。数字化服装设计已经应用到服装设计的整个过程了。数字化服装设计技术是指利用服装 CAD（计算机辅助设计）和服装 VSD（可视缝合设计）技术进行服装设计。

　　数字化服装设计是利用计算机和相关软件进行服装设计和生产的过程。随着信息化时代的来临，服装专业教学和生产都在广泛开展数字化设计和应用，其提高了服装企业的生产效率，提高了服装产品的质量，提升了服装企业的科技含量和品牌文化含量，这是我国服装行业的必然趋势。为了适应这种形势，服装专业的教学内容和手段都应做出适时调整。

　　数字化技术与服装设计三大要素有如下关系。

1. 面料设计

　　数字化技术在软件的特效菜单中为人们提供了丰富的创作内容。一些独特的艺术处理，能奇妙地改变图像的效果，成为服装创作中不可缺少的表现手段，特别是在进行面料设计时，可以根据不同的材料相互衬托，互相对比，利用图像花纹，可生成相对逼真的效果，使服装造型与图像花纹巧妙结合，产生丰富的变化，对画面能起到特殊的烘托效果，使很复杂的服装面料可以瞬间表现出来。例如，可以充分运用 Photoshop 和 Painter 中的画笔工具、图案生成器、滤镜等功能实现设计。

2. 色彩的运用

计算机上色比手绘方便快捷得多，可任意调配选用。它提供了 RGB、CMYK、HSB、LAB 等多种色彩模式（RGB 是最基础的色彩模式，CMYK 是一种颜色反光印刷减色模式，HSB 是视觉角度定义的颜色模式，RGB 模式是一种发光屏幕的加色模式），并可进行色彩转换，通常采用的是 RGB 的色彩模式。如需印刷并将图像输出最佳效果，则转换成 CMYK，或一开始就使用 CMYK。通过数据的设置可以精确地设置控制色彩变化关系，还可以将自己喜欢的颜色和色调进行保存，按照色相、明度、纯度进行任意排列，提高设计的效率。

3. 款式的应用

高科技的运用，使款式搭配变得轻而易举。可通过软件中的变形工具进行整体的拉长、放大、缩小，使夸张变形的时装人物产生艺术效果。在画款式效果图时，主要应用 Coreldraw 中的路径、标尺和文字等工具画出其款式图和结构图，以便更详细地表现款式的前后结构，为工艺制作提供明确的参数。

随着版本的不断升级，软件的功能变得越来越强大，每个软件都有自己的特性和功能，在制作时可根据设计要求相互转化，针对不同特点，大胆尝试和创新，掌握各种软件不同的变化规律综合运用。例如，要表现一张完整的服装设计图，可以先用 Phtoshop 通过现有的图片或速写资料进行扫描，然后在 Painter 中绘制服装并进行设计，再导入到 Photoshop 中编辑、调整、加特效，在 Coreldraw 中完成裁剪图和结构图的绘制，形成一套完整的服装制作示意图。

我们对数字化技术的认识与了解需要不断探索和创新，通过款式、面料、色彩与软件的紧密结合丰富设计。能否熟练地掌握数字化技术只是个时间的问题，但能否使用这项技术创造出优秀的服装作品，就需要多方面能力的培养与提高。只有通过学习，不断提高自身综合艺术修养，才能使数字技术更好地为我们服务。

（二）服装样板的数字化设计

20 世纪 70 年代，亚洲纺织服装产品冲击西方市场，西方国家的纺织服装工业为了摆脱危机，在计算机技术的高度发展下，促进了服装 CAD 的研制和开发。作为现代化高科技设计工具的 CAD 技术，便是计算机技术与传统的服装制作相结合的产物。对于服装产业来说，服装 CAD 的应用已经成为历史性变革的标志，同时也使传统产业追随先进的生产力而发展。服装 CAD 是利用人机交互的手段，充分利用计算机的图形学、数据库，使计算机的高新技术与设计师的完美构思、创新能力、经验知识完美组合，从而降低了生产成本，减少了工作负荷、提高设计质量，大大缩短了服装从设计到投产的时间。

随着计算机技术的发展及人民生活水平的提高，消费者对服装品位的追求发生着显著的变化，促使服装生产向着小批量、多品种、高质量、短周期的方向发展。这就要求服装企业必须使用现代化的高科技手段，加快产品的开发速度，提高快速反应能力。服装 CAD 技术是计算机技术与服装工业结合的产物，它是企业提高工作效率、增强创新能力和市场竞争力的一个有效工具。目前，服装 CAD 系统的应用日益普及。

服装 CAD 系统主要包括两大模块，即服装设计模块、辅助生产模块。其中，设计模块又可分为面料设计（机织面料设计、针织面料设计、印花图案设计等）、服装设计（服装效果图设计、服装结构图设计、立体贴图、三维款式设计等）；辅助生产模块又可分为面料生产（控制纺织生产设备的 CAD 系统）、服装生产（服装制板、推板、排料、裁剪等）。

1. 计算机辅助设计系统

所有从事面料设计与开发的人员都可借助 CAD 系统，高效快速地展示效果图及色彩的搭配和组合。设计师不仅可以借助 CAD 系统充分发挥自己的创造才能，同时，还可借助 CAD 系统做一些费时的重复性工作。面料设计 CAD 系统具有强大而丰富的功能，设计师利用它可以创作出从抽象到写实效果的各种类型的图像，并配以富于想象力的处理手法。

服装设计师使用 CAD 系统，借助其强大的立体贴图功能，可完成比较耗时的修改色彩及修改面料之类的工作。这一功能可用于表现同一款式、不同面料的外观效果。实现上述功能，操作人员首先要在照片上勾画出服装的轮廓线，然后利用软件工具设计网格，使其适合服装的每一部分。在所有服装企业中，比较耗资的工序都是样衣制作。企业经常要以各种颜色的组合来表现设计作品，如果没有 CAD 系统，在对原始图案进行变化时要经常进行许多重复性的工作。借助立体贴图功能，二维的各种织物图像就可以在照片上展示出来，节省了大量的时间。此外，许多 CAD 系统还可以将织物变形后覆盖在照片中模特的身上，以展示成品服装的穿着效果。服装企业通常可以在样品生产出来之前，采用这一方法向客户展示设计作品。

2. 计算机辅助生产系统

在服装生产方面，CAD 系统应用于服装的制板、推板和排料等领域。在制板方面，服装纸样设计师借助 CAD 系统完成一些比较耗时的工作，如：样板拼接、褶裥设计、省道转移、褶裥变化等。同时，许多 CAD/CAM 系统还可以测量缝合部位的尺寸，从而检验两片衣片是否可以正确地缝合在一起。生产企业通常用绘图机将纸样打印出来，该纸样可以用来指导裁剪。如果排料符合用户要求的话，接下来便可指导批量服装的裁剪。CAD 系统除具有样板设计功能外，还可根据推板规则进行推板。推板规则通常由一个尺寸表来定义，并存贮在推板规则库中。利用 CAD/CAM 系统进行推板和排料所需要的时间只占手工完成所需时间的很小一部分，极大地提高了服装企业的生产效率。

大多数生产企业都保存有许多原型样板，这些原型板是所有样板变化的基础。这些样板通常先描绘在纸上，然后再根据服装款式加以变化，而且很少需要进行大的变化，因为大多数的服装款式都是比较保守的。只有当非常合体的款式变化成十分宽松的式样时才需要推出新的样板。在大多数服装企业，服装样板的设计是在平面上进行的，做出样衣后通过模特试衣来决定样板的正确与否（通过从合体性和造型两个方面进行评价）。

3. 服装 CAD 服装制板工艺流程

服装样板设计师的技术在于将二维平面上裁剪的衣片包覆在三维的人体上。目前世界上主要有两类样板设计方法：一是在平面上进行打板和样板的变化，以形成三维立体的服装造型，二是将面料披挂在人台或人体上进行立体裁剪。许多顶级的服装设计师常用此法，即直接将面料披挂在人台上，用大头针固定，按照自己的设计构思进行裁剪和塑型。对设计师来说，样板是随着他的设计思想而变化的．将面料从人台上取下并在纸上描绘出来就可得到最终的服装样板。以上两类样板设计方法都会给服装 CAD 的程序设计人员以一定的指导。

国际上第一套应用于服装领域的 CAD/CAM 系统主要用来推板和排料，几乎系统的所有功能都是用于平面样板的，所以它是工作在二维系统上。当然，也有人试图设计以三维方式工作的系统，但现在还不够成熟，还不足以指导设计与生产。三维服装样板设计系统的开发时间会很长，三维方式打板也会相当复杂。

（1）样板输入（也称开样或读图）：服装样板的输入方式主要有两种：一是利用 CAD 软件直接在屏幕上制板；二是借助数字化仪将样板输入到 CAD 系统。第二种方法十分简单，用户首先将样板固定在读图板上，利用游标将样板的关键点读入计算机。通过按游标的特定按钮，通知系统输入的点是直线点、曲线点还是剪口点。通过这一过程输入样板并标明样板上的布纹方向和其他一些相关信息。有一些 CAD 系统并不要求这种严格定义的样板输入方法，用户可以使用光笔而不是游标，利用普通的绘图工具（如直尺、曲线板等）在一张白纸上绘制样板，数字化仪读取笔的移动信息，将其转换为样板信息，并且在屏幕上显示出来。目前，一些 CAD 系统还提供自动制板功能，用户只需输入样板的有关数据，系统就会根据制板规则产生所要的样板。这些制板规则可以由服装企业自己建立，但它们需要具有一定的计算机程序设计技术才能使用这些规则和要领。

一套完整的服装样板输入 CAD 系统后，还可以随时使用这些样板，所有系统几乎都能够完成样板变化的功能，如：样板的加长或缩短、分割、合并、添加褶裥、省道转移等。

（2）推板（又称放码）：计算机推板的最大特点是速度快、精确度高。手工推板包括移点、描板、检查等步骤。这需要娴熟的技艺，因为缝接部位的合理配合对成品服装的外观起着决定性的作用，因为即使是曲线形状的细小变化也会给造型带来不良的影响。虽然 CAD/CAM 系统不能发现造型方面的问题，但它却可以在瞬间完成网状样片，并提供有检查缝合部位长度及进行修改的工具。

CAD 系统需要用户在基础板上标出推板点。计算机系统则会根据每个推板点各自的推板规则生产全部号型的样板，并根据基础板的形状绘出网状样片。用户可以对每一号型的样板进行尺寸检查，推板规则也可以反复修改，以使服装穿着更加合体。从概念上来讲，这虽然是一个十分简单的过程，但具备三维人体知识并了解与二维平面样板的关系是使用计算机进行推板的先决条件。

（3）排料（又称排唛架）：服装 CAD 排料的方法一般采用人机交换排料和计算机自动排料两种方法。排料对任何一家服装企业来说都是非常重要的，因为它关系到生产成本的高低。只有在排料完成后，才能开始裁剪和加工服装。在排料过程中有一个问题值得考虑，即：可以用于排料的时间与可以接受的排料率之间的关系。使用 CAD 系统的最大好处就是可以随时监测面料的用量，用户还可以在屏幕上看到所排样板的全部信息，再也不必在纸上以手工方式描出所有的样板，仅此一项就可以节省大量的时间。许多系统都提供自动排料功能，这使得设计师可以很快估算出一件服装的面料用量，面料用量是服装加工初期成本的一部分。根据面料的用量，在对服装外观影响最小的前提下，服装设计师经常会对服装样板做适当的修改和调整，以降低面料的用量。裙子就是一个很好的例子，如：三片裙在排料时就比两片裙紧凑，从而可提高面料的使用率。

无论服装企业是否拥有自动裁床，排料过程都需要很多技术和经验。我们可以尝试多次自动排料，但排料结果绝不会超过排料专家。计算机系统成功的关键在于，它可以使用户试验样板各种不同的排列方式，并记录下各阶段的排料结果，通过多次尝试就可以很快得出可以接受的材料利用率。这一过程通常在一台计算机终端上就可以完成，与纯手工相比它占用的工作空间很小，需要的时间也很短。

由于计算机自身的特点和优势，利用服装 CAD 技术来完成服装样板的绘制并进行推板、排料是相对准确的。并且可以提高工作效率和降低生产成本。

二、服装生产管理、营销的数字化管理

数字化服装生产管理和营销系统是集先进的服装生产技术、数字化技术、先进管理技术于一体的服装生产管理、营销管理模式。它是借助计算机网络技术、信息技术、自动化技术，以系统化的管理整合服装企业生产流程、人力物力、数据管理、资源管理等。

（一）服装 ERP

ERP 全称是 Enterprise Resource Planning，就是企业资源计划系统。服装 ERP 是针对服装生产企业采用全新开发理念完成的管理信息系统，通过将制单、用料分析、生产、工菲（工票）、计件统计、生产计划、人力资源、考勤、仓库、采购、出货、应收、应付、成本分析等环节的数据进行统一的信息处理，使得系统形成一个完整高效的管理平台。服装 ERP 可以为服装企业提供产品生命周期管理、供应链及生产制造管理、分销与零售管理、电子商务、集团财务管理、协同管理、战略人力资源管理、战略决策管理与 IT 整合解决方案，帮助服装企业提升品牌价值，获取敏捷应变能力，实现持续快速增长。

（二）服装 RFID

RFID 全称是 Radio Frequency Identification，就是射频识别系统，又称电子标签、无线

射频识别、感应式电子晶片、近接卡、感应卡、非接触卡、电子条码。服装行业里称之为"电子菲"。

服装 RFID 信息管理系统是运用无线射频识别技术 (RFID)，通过实时采集工人生产信息以及工作效能，为工厂提供一套完整的解决方案，帮助管理者从系统平台获取实时生产数据，使之随时随地了解关于生产进度、员工表现、车位状态、在制品数量等各方面的综合信息。同时，电子标签为管理人员、公司高层和车间一线工人建立了一个连接渠道，每个工人的生产进度可以直接反馈给管理人，使之实时统计工人计件工资，评估工人表现，从不同角度分析多种数据，以便管理者做出客观决策和挖掘更有意义的数据，从而提高服装企业的生产效率和管理决策能力。

（三）服装 ERP 和 RFID 优点

1. 生产数据能够准确、实时地采集

生产数据的实时反馈是保证生产运营畅通的基础。系统在生产车间采集实时生产数据，是通过工人在生产过程中通过插拔卡或刷卡的方式来实现，RFID 阅读器读出 RFID 卡中所带有的特定信息并实时反馈到系统中，服务器每 5 秒钟更新一次数据。这种操作方式系统能够提供实时的生产数据，便于进行采集和数据分析。

2. 生产力在原有的基础上实现提升

生产车间实时生产数据反馈到系统，通过系统监控可以实时发现阻碍生产流水线畅通的原因，及时地发现生产瓶颈所在。系统通过实时数据归集对每个车间、每个组、每个车位及工人的生产情况进行实时的监控，从而可以发现生产环节出现的非正常状态，并及时解决阻碍生产流水的瓶颈，从整体上保障了流水线的畅通，提高生产力。

3. 能够实时监控生产线车工的工作状态

系统能够实时监控生产线工人的状态，通过对员工在每台车位的不同状态的观察，从而实现工厂整体的透明化管理，提高工厂管理的效率。管理企业可以通过匹配有效的绩效考核体系、先进评比等策略方式调动员工的积极性，使整体产量得到提升。系统本身提供观察的状态可以自定义设定，通常有不在位、工作中、闲置、维修中等状态显示，便于管理者及时调配人手和统计有效生产时间。

4. 订单进度实时跟踪，保障及时交货

订单不能及时交货，意味着企业不但不能赢利，反而会亏损，同时也影响企业的信誉度，对企业将来的发展有很大的影响和阻碍。特别是出口企业对于订单的及时交付显得更为重要。系统根据客户订单，从裁剪开始到后道结束整个生产流程进行实时进度跟踪，比如订单在生产线的进度、整个订单何时开始裁剪、现在已经裁了多少，何时到达车缝工序、在车缝工序部分完成多少，何时到达后道工序、后道工序完成多少、最终成品多少。管理者从整个订单的进度入手，更为细节地了解每个订单款式的颜色、尺码的完成数量，从而精确的掌握每个订单的生产进度，达到及时交货的目的。

5. 严格质量管控，降低返修率

质量是生产企业永续经营的基石，也是企业面对客户的品牌保证，其最高目标就是要达到质量问题退货率为零。在既要抓产量又要抓质量的情况下，企业不得不放弃其中的一项。而在系统严格的质量管理的情况下，把责任追踪到个人身上，把有质量问题的产品是在什么时间做的、什么订单的什么颜色、什么尺码的产品一一记录在案，在提升产量的同时又抓了质量工作，降低了返修率，同时提高了生产力。

6. 快速进行产量和计件薪资的统计

传统的产量统计和工人计件薪资的核算都要耗费大量的人工和时间，数据的滞后性、数据失真都造成了不良后果。然而在系统全面使用后，通过系统来统计工人的产量以及计件薪资，可以代替原有的人工统计方式，提高了生产数据的统计效率和数据的准确性。系统可以提供实时的工人真实的产量统计和实时的薪资报表，便于薪资的核算，提高公司生产运营的效率。

7. RFID 裁剪卡全面取代原有的裁剪牌

RFID 裁剪卡全面使用后，可以全部取代传统方式的裁剪牌。查看裁剪卡的流转方式能够清楚地查看到每扎衣服的流向以及每扎衣服现在所处的具体位置，一旦裁剪卡或者衣服流失，系统会根据裁剪开卡时的数量进行对比，可以查看裁剪卡最后一次出现的具体位置，从而更加严格地对生产过程进行管控，从真正意义上实现精细化生产管理。

（四）服装 JIT

JIT 全称是 Just In Time，就是服装精益生产方式管理系统，中文意为"只在需要的时候，按需要的量生产所需要的产品"。因此，有些管理专家也称此生产方式为 JIT 生产方式、准时制生产方式、适时生产方式。与传统的大批量生产相比，精益生产只需一半的人员、一半的生产场地、一半的投资、一半的生产周期、一半的产品开发时间，就能生产品质更高、品种更多的产品。服装 JIT 是一种生产管理技术，又是一种管理理念和管理文化，它能够大幅度减少闲置时间、作业切换时间，大幅度地提高工作效率。同时，可以消除库存、消除浪费、保证品质。它是继大批量生产之后，对人类社会和人们生活方式影响巨大的一种生产方式。

在实际生产过程中，要提高有价值作业，减少无价值作业，废除无用工。生产技术的改善只是在短期内明显地看到成效，而带来的也只是短暂的成功，而管理技术的改善，则必须让管理层和员工明确 JIT 生产管理系统的原则，发挥互助精神，积极参与改善工作，循序渐进，分阶段取得成效，空间利用率可以提高 20% 以上，也就是说，原来可以放置 200 台缝制设备的车间，按 JIT 方式，可以放置 240 台设备。JIT 可实现简单款式 2 小时内出成品，复杂款式 5 小时内出成品，生产过程中的质量问题可在投产初期得到完全控制。缝制车间不再堆积大量的半成品，后整理车间更没有堆积如山的待整理成品。车间的卫生环境也得到了有效的改观，安全隐患消除。

（五）数字化营销

成本上涨之后，很多服装企业都在调整自己的渠道分销模式，由原来的一些加盟代理转为直营。在庞大的直营体系中，进货量由谁来确定、库存量怎样安排，如何面对庞大的生产规模、供货系统、专业采购系统、物流分销管理系统，数字化营销在这时候显得尤为重要。当下服装行业竞争相当激烈，同时资讯科技日新月异，现代企业必须拥有特色的营销模式、正确的资讯观念、科学的管理方法、先进的技术手段和畅通的信息渠道，才能在市场经济大潮中立于不败之地。

随着服装竞争速度的加快，很多人都发现，现在商品上市速度越来越快，这是新的管理技术对传统市场营销提出的挑战，因为它有周期概念。所以企业在管理当中会加上生命周期，企业要积极利用一些现代的管理信息技术、网络技术向数字化管理转变，现在很多品牌商认为商品都没有保质期，只要能卖就一直卖下去。但随着企业规模市场发展的越来越大，一个非常微小的偏差就会带来非常巨大的损失，因为企业没有为自己设计标准。

在现代服装企业营销管理中，主要是依靠信息中心和财务数据，商品管理营销也可以是具体、可执行的方案，有自己标准而不是用文字描述；商品的企划要满足企业的战略、企业利润，把这些相关信息合并到商品企划当中传递给设计部；设计部结合流行趋势，将品牌特点转化为产品信号；采购人员会结合产品企划，结合营销规划，实施产品订单，让销售进度、物流、调配、促销等全部都在计划当中完成的，数字化管理将是服装企业非常重要的发展方向。

随着全球经济一体化进程的逐步加深，我国服装企业尽快提升信息化水平的需求越来越迫切。服装产品更新换代速度加快及消费者对服装款式多样化、个性化的需求增加，促使服装产品向多品种、少批量、个性定制的生产模式转变。为了适应这一产业变化，服装企业必须借助先进的计算机信息技术，如供应链管理、客户关系管理、电子商务平台等，实现企业内部资源的共享和协同，改进企业经营过程中不合理因素，促使各业务流程无缝对接，从而提升企业管理效率和竞争力。

第二节　数字化服装产业现状与发展

当前贸易的全球化发展使全世界服装生产和供应企业都处在同一产业链中竞争。对信息的收集、交流、反应和决策的应对将成为企业竞争能力强弱的关键因素。在这信息化迅猛发展的时代，我国服装企业的信息化建设已成为企业的当务之急。数字化服装产业是以数字化信息为基础平台，以计算机技术和网络技术为依托，通过对服装设计、生产管理、销售等环节中信息的收集、整合、应用，最终实现服装企业资源的最优化配置。

服装产业是我国传统劳动密集型行业，生产管理仍沿用传统管理模式。从事服装行业的员工，普遍文化水平偏低，习惯于人工操作及经验管理方式，对先进的技术和管理有抵触心理。我国生产型服装企业将面临以下严峻的挑战。

（1）利润率持续降低。

（2）订单交货期已缩短到 10~30 天之内。

（3）多品种、小批量的趋势日益明显。

（4）客户对产品的质量、质量的稳定性以及交货率要求越来越高。

（5）原材料成本以及生产成本增高。

（6）原辅材料质量以及工艺水平和质量标准越来越高。

（7）随着配额的取消，全球化的竞争趋势越来越明显。

（8）劳动力成本增高。

许多服装企业仍然存在着企业管理制度流于形式、凭借经验和记忆进行生产管理的现象，执行力度极差。企业一直在如何加强规范管理、降低管理成本、降低管理人员频繁流动所造成的损失方面费尽心机。现代的企业管理，应该是数字化、规范化、标准化的管理模式，生产管理情况用数字来说明。实行数字化管理不仅能够提高管理效率，而且能够更客观地考核员工生产业绩。但是数字含水量高的现象又是企业通病，要真正做到减少工作量、减少重复的工作，杜绝中间环节的人为操作而造成的虚报、瞒报现象，就必须有一套完整的、智能的综合管理系统进行生产管理、统计数字及数字统计分析，把数据及生产管理情况直观地呈现给管理者，及时为管理者做决策提供依据。

随着全球经济一体化的发展，服装产业将面对全球市场化，国内劳动力成本上涨，品牌的作用进一步加强。时尚流行和中西文化的差异日益明显。服装企业在经过了产品产量、产品质量、生产成本的竞争之后，服装企业对市场反应能力的强弱已经成为评价企业竞争力的标准。对市场快速反应的能力，核心就是数字化和信息化。中国纺织工业联合会提出，"十二五"期间应贯彻科学发展观，走新型工业化道路，突出自主创新在行业转变增长方式过程中的中心地位，强调科学技术和自主品牌对纺织工业提高附加值的贡献率。为此，服装产业必须利用数字化和信息化先进的生产力，在服装产品形成的各个环节进行技术创新，及时运用流行趋势，提高品牌价值，提高产品质量；提高生产效率；提升对市场反应的速度，确保市场竞争中占有绝对优势。采用服装 CIMS（计算机集成制造系统）可以改变服装企业设计方式、制造方式、营销方式，集服装 VSD、服装 CAD、PDM（产品数据管理系统）、CAPP（计算机辅助工艺设计）、CAM（计算机辅助制造）、ERP 和企业管理、网络营销为一体，实现快速反应。服装品牌和技术创新核心就在于服装企业对数字化和信息化进程的理解和把握。

一、我国服装企业数字化技术应用现状

近年来，我国服装产业在技术创新和数字化信息技术方面有了很大的发展，但总体上讲，我国服装企业数字化信息技术建设还处于初级发展阶段。

制约我国服装产业数字化信息应用发展的主要因素有以下几个方面。

（1）缺乏具有服装专业知识的数字化和信息化人才。

（2）信息化软件系统缺乏对不同层次服装企业个性化服务。

（3）服装企业运作模式和信息化需求与信息化软件不相匹配。

（4）政府保护正版软件权益不够。

（5）服装企业的基础素质制约了数字化和信息化发展。

（6）服装教育没有按照服装企业用人需求培养所需的专业人才。

（7）三维数字化服装设计技术滞后。

（8）数字化和信息化软件缺乏行业监管和行业自律。

（9）软件专业化程度低，性价比低。

（10）服装企业决策层对服装数字化和信息化建设认识不够。

（一）服装设计和生产数字化应用现状

1. 服装款式设计

据不完全统计，目前沿海发达地区的服装企业70%采用Coreldraw、Photoshop、Illustrator等平面设计软件进行服装款式设计。这些二维平面设计软件能够进行图纸设计、辅助线设置；能够进行定位，绘制制图线条，进行任何直线、曲线的变形；能够进行数据标注，因而可以用来进行数字化服装制图，推进服装教学的数字化进程。由于其显著的应用广泛性和经济性，故能够最大限度地在大部分中小服装企业推广应用，开辟服装款式制图数字化的新途径。

2. 服装样板设计、推板、排料

我国目前约有服装生产企业6万家，而使用服装CAD的企业仅在3万家左右，也就是说我国服装CAD的市场普及率仅在50%左右。甚至有专家认为，由于我国服装企业两极分化较严重，有的企业可能拥有数套服装CAD系统，有的则可能从来没有过，所以真正使用了服装CAD系统的企业数量可能比这个数据更少。

目前，约有15家左右的供应商活跃在中国服装CAD市场，而在中国3万余家使用服装CAD的企业中，国产服装CAD已经占了近$\frac{4}{5}$的市场份额。服装CAD充分利用计算机的图形学、数据库、网络的高新技术与设计师的完美构思、创新能力、经验知识的完美组合，来降低生产成本，减少工作负荷，提高设计质量，大大缩短服装从设计到投产的过程。越来越多的服装企业采用CAD系统来完成样板设计、推板、排料等工作。

3. 三维试衣

随着我国计算机技术和社会经济的发展，人们对服装的质量和合体性、个性化的要求越来越高，现有的二维服装CAD技术已经不能满足纺织服装产业的应用要求，服装CAD迫切需要由目前的平面设计发展到立体三维设计。因此，近年来国内外均在三维服装VSD、虚拟仿真服装设计等方面开展理论研究和实践应用。

服装 VSD 三维试衣系统的开发和应用比较滞后，这是因为服装不像机械、电子行业的固态产品，服装的质地是柔性的，会随着外界条件而发生改变，因此模拟难度很大，特别是服装 VSD 要实现从二维到三维的转化，需要解决织物质感和动感的表现、三维重建、逼真灵活的曲面造型等技术问题，另外，还有从三维服装设计模型转换生成二维平面样板的技术问题。这些问题导致三维服装 VSD 的开发周期较长，技术难度较大。

服装 VSD 区别于二维 CAD 的地方在于：它是在通过三维人体测量建立起的人体数据模型基础上，对模型的交互式三维立体设计，然后再生成二维的服装样板，它主要要解决人体三维尺寸模型的建立及局部修改、三维服装原型设计、三维服装面料覆盖及色彩浓淡处理、三维服装效果显示，特别是动态显示和三维服装与二维样板的可逆转换等。

服装 VSD 的基础是三维人体测量。目前三维人体测量系统在国外已经商品化，其技术已经较为成熟，其中法、美、日等国利用自然光光栅原理，分别用 40 毫秒、10 秒、1.8 秒，即可完成三维人体数据的测量。国际上常用的三维人体测量技术一般都是非接触式的，通过光敏设备捕捉投射到人体表面的光在人体上形成的图像，然后通过计算机图像处理来描述人体的三维特征。三维人体测量系统具有测量时间短、获取数据量大等多种优于传统测量技术的特点。

服装的批量生产所依据的服装号型不能准确反映人群的体型特征，目前国内外都在进行各类人群人体数据库的建立。通过有针对性地对大量不同肤色、不同地区、不同年龄、不同身高的各类人群进行三维人体测量，收集人体的各项体型尺寸数据，建立数据库，为制订服装规格、号型提供基础数据。

三维人体测量通过获取的关键人体几何参数数据，生成虚拟的三维人体，建立静态和动态的人体模型，形成一整套具有虚拟人体显示和动态模拟功能的系统。服装 VSD 在此基础上生成服装面料的立体效果，在屏幕上逼真地显示穿着效果的三维彩色图像及将立体设计近似地展开为平面样板。

服装 VSD 基础上的三维设计逐渐向智能化、物性分析、动态仿真方向发展，参数化设计向变量化和超变量化方向发展；三维线框造型、曲面造型及实体造型向特征造型以及语义特征造型等方向发展；组件开发技术的研究应用，还为 CAD 系统的开放性及功能自由拼装的实现提供了基础。

将三维服装设计模型转换生成二维平面样板，牵涉到把复杂的空间曲面展开为平面的技术，这是服装材料的柔性、平面性所决定的需求，也是服装 VSD 的难点。国内外学者做了多项研究工作，得到了复杂曲面展开的多种方法，有许多方法也已应用在实践中。

目前，我国只有部分大型服装企业和一些服装院校使用服装 VSD 进行三维试衣开发与研究。

4. 自动化辅助生产系统

服装生产属于劳动密集型生产，而生产过程是流水式作业。从面料开始，到裁剪、打样、车缝、整烫等，每个岗位都需要很多工人来作业。尤其是车缝部门，每台缝纫机或其他设备都有一个工人来完成一道工序，比如前片、后片、袖子等。服装企业报酬形式一般采用计件工资。如何对生产过程进行控制，提高生产质量，是每个服装企业面临的问题。

为此，一些大型女装、男装企业开始利用自动拉布机、自动裁床、自动开袋机、自动绱袖机、自动整烫设备、吊挂生产系统等先进的设备进行自动流水线建设。服装自动流水线系统按控制方法可分为机械控制和计算机控制，现代生产中多采用后者。每个工位按照生产节拍进行规定工序的缝制加工，所以一个工位是组成系统的基本单元。整个服装吊挂系统的生产、管理由计算机控制。管理人员通过计算机上参数的设定实现衣片的按工位传送和各工位间的实时调节与控制。正因为如此，系统的计算机控制将各工位自动化缝制的段流、缝制工段到整烫工段的段流、整烫工段各工位的段流、整烫工段到服装成品物流配送的段流都进行信息的直接联结，所以服装吊挂系统是服装企业实现信息化制造不可缺少的设备，没有它，企业信息化就没有了通道。

（二）服装营销数字化应用现状

服装 ERP 是服装数字化营销管理的一个最有效工具。但由于服装行业具有不同于机械制造等行业的特点，其体系结构是建立在服装产品本身的生产与市场的发展规律基础上的，同时，其不同的细分行业在生产流程、技术上也存在很大的差异。不同企业的生产制造环节各不相同，而且，企业在生产经营管理过程中面临的问题多种多样，解决不同环节难题的迫切程度也存在很大差距。正是由于上述原因，不同企业由于厂情差异大、企业生产的个性化特点强等现实因素，应用服装 ERP 必须创造性地构建符合本企业实际的特色 ERP 体系，明确企业信息化需求，因地制宜，坚持适"度"而行，"整体规划，分步实施"。认为服装 ERP 的特色化本土化应用就要放弃服装 ERP 先进的管理思想，绝对是认识上的误区。恰恰相反，服装 ERP 首先是一种企业管理的理念、原理和方法，这一点是企业应用服装 ERP 首先要认识到的。而服装 ERP 应用软件则是集成了服装 ERP 的核心理念、原理和方法以及先进企业管理实践的支持企业运营的工具。对服装 ERP 的基本管理理念、原理和方法的认识的深浅，直接影响服装 ERP 在企业管理实践中的应用效果。

二、我国服装数字化服装产业的发展趋势和前景

数字化和信息化是推动我国服装产业结构调整和实现技术升级的最有效工具，同时，使传统服装产业的生产过程实现集成化、快速反应是数字化服装的发展趋势和目标。

（一）建立现代服装企业管理模式和商业模式

通过信息化管理手段促使服装商业模式变革，同时要将先进的经营管理理念和信息化建设相融合。数字信息化技术应用可以完善组织结构，优化业务流程，提升经济效益，建立现代服装企业管理模式和商业模式。

（二）服装 VSD 商业化应用

服装 VSD 是以人体测量为基础，利用数字化虚拟仿真技术，通过人体扫描仪精准地获取全部尺寸以及三维人体曲面形态，通过基于形状分析的计算几何方法对三维人体进行自动测量，得到设计和加工定制服装的所需尺寸，再通过服装 VSD 系统绘制二维服装样板，然后将二维服装样板进行三维虚拟试衣，使用户在服装生产前即可获得其外观形态、款式色彩等信息，同时，对板型不合理的地方，可以通过服装 VSD 系统进行二维样板与三维虚拟成衣同步联动修改。

服装 VSD 系统在国内已经有 6 年的研究和应用历史。国内的李宁、九牧王、七匹狼、特步、欧迪雅女装等服装企业通过使用微思服装 VSD 系统，大大缩短了产品设计开发时间。更值得一提的是，可以通过网络开新产品订货会，不必等到成衣订货会才能让客户看到样衣。可以直接通过服装 VSD 系统将三维虚拟成衣通过电子邮件发给客户。服装 VSD 为网上传输定制和计算机集成制造提供技术支撑，将带动整个服装产业技术升级。

（三）网络数字化服装技术发展

基于服装 VSD 技术的发展和服装 NAD 技术（Net Aided Design 是网络辅助设计系统技术）的发展，人们还可以进入网络的虚拟空间去选购时装，进行任意挑选、搭配、试穿，达到最终理想的效果。

服装企业可以根据自身情况，将服装 CAD、CAM、VSD、NAD 技术与管理信息（MIS）、柔性制造技术（FMS）、客户关系管理（CRM）、供应链管理（SCM）、ERP 等系统组成一个服装计算机集成制造系统（CIMS）。从而提高服装企业信息化建设，促使服装企业管理模式、组织结构、商业模式的完善及业务流程模式的优化，实现具有快速反应功能的服装计算机集成制造系统 CIMS。以数字信息化为手段，整合并优化产业链，全面提升企业的综合竞争实力，以此带动整个服装产业的升级。

（四）服装网络电子商务发展

服装电子商务作为服装企业营销手段之一，由于它的经济性和便捷性，越来越受到服装企业的重视。近年来，随着信息技术的发展和全国范围的网络普及，电子商务以其特有的跨越时空的便利、低廉的成本和广泛的传播性在我国取得了极大的发展。作为电子商务中坚力量之一的服装电子商务的异军突起标志着一种新兴的服装商务模式的产生。在服装电子商务取得长足进步的同时，有必要对我国服装电子商务的现状和趋势进行分析，加深我们对服装电子商务的认识和理解，并认清服装电子商务的发展方向。

服装电子商务可提供网上交易和管理等全过程的服务，因此它具有广告宣传、咨询洽谈、网上订购、网上支付、电子账户、服务传递、意见征询、交易管理等各项功能。

（1）服装电子商务将传统的商务流程电子化、数字化，一方面以电子流代替了实物流，可以大量减少人力、物力，降低了成本；另一方面突破了时间和空间的限制，使得交易活动可以在任何时间、任何地点进行，从而大大提高了效率。

（2）服装电子商务所具有的开放性和全球性的特点，为企业创造了更多的贸易机会。

（3）服装电子商务使企业可以以较低的成本进入全球电子化市场，使得中小企业有可能拥有和大企业一样的信息资源，提高了中小企业的竞争能力。

（4）服装电子商务重新定义了传统的流通模式，减少了中间环节，使得生产者和消费者的直接交易成为可能，从而在一定程度上改变了整个社会经济运行的方式。

（5）服装电子商务一方面突破了时空的壁垒，另一方面又提供了丰富的信息资源，为各种社会经济要素的重新组合提供了更多的可能，这将影响到社会的经济布局和结构。

（6）服装电子商务对现代物流业的发展起着至关重要的作用。电子商务为物流企业提供了良好的运作平台，大大节约了社会总交易成本。

（7）服装电子商务将改变人们的消费方式，网上购物的最大特征是消费者的主导性，购物意愿掌握在消费者手中，同时消费者还能以一种轻松自由的自我服务的方式来完成交易，消费者主权可以在网络购物中充分体现出来。

（8）服装电子商务是因特网爆炸式发展的直接产物，是网络技术应用的全新发展方向。因特网本身所具有的开放性、全球性、低成本、高效率的特点，也成为服装电子商务的内在特征，并使得服装电子商务大大超越了作为一种新的贸易形式所具有的价值，它不仅会改变企业本身的生产、经营、管理活动，而且将影响到整个社会的经济运行与结构。

总而言之，作为一种商务活动过程，服装电子商务将带来一场史无前例的革命，其对社会经济的影响远远超过商务的本身。除了上述这些影响外，它还将对就业、法律制度以及文化教育等带来巨大的影响，服装电子商务会将人类带入信息社会。

三、数字化服装设计与管理是服装产业发展必然趋势

随着全球经济一体化进程加快，市场竞争越来越激烈，如何运用信息网络技术实现数字化、信息化管理，已成为企业亟待解决的问题。数字化服装设计与管理将成为服装产业发展的必然趋势。数字化信息技术在我国服装产业的应用目前还处于发展阶段，所以还存在很多技术上的问题急需解决，甚至还有很多不理想的问题和不能满足实际需求等问题，还需要在发展的过程中不断地进行技术改进。任何一项技术的传播都不是一朝一夕能够完成的，它建立在人们对它的认识和了解的基础之上，这是一个较长的应用和改进发展的过程。因此，数字化服装设计与管理的普及和推广，将是我国服装产业发展的长期任务。

现今，服装先进制造技术应理解为是传统制造技术、信息技术、计算机技术、自动化技术与管理科学多学科先进技术的综合，并应用于服装制造工程之中形成一个完整体系。它发展的总趋势是向精密化、柔性化、网络化、虚拟化、智能化、清洁化、集成化、信息全球化的方向发展。

传统的服装商业形式是"企业生产服装→商场售卖服装→消费者购买服装"，而现在，由于网络经济的来临，进、销、存的直接管理形式将使传统商业形式逐步消失，热闹的服

装批发市场、服装城、服装贸易中心等将会逐步被网上虚拟的超市、商店和进销存管理所代替。

社会发展对服装制造技术提出了更高的需求，要求具有更加快速和灵活的市场响应、更高的产品质量、更低的成本和能源消耗以及良好的环保特性。这一需求促使传统服装制造业在 21 世纪向现代制造业发展。

第三节　认识服装 VSD

服装 VSD 是可视缝合设计技术（Visible Stitcher Design Technology）的英文缩写，可视缝合设计技术是在服装 CAD 系统三大成熟模块（打板、推板、排料）之后发展的新技术。服装领域使用可视缝合设计技术可以通过模拟样衣的制作过程缩短新款服装的设计时间，从而大大减少成衣的生产周期。同时，可视缝合设计技术为服装的销售方式提供了新途径，使网上销售和网上新款发布会的普及成为可能。

服装 VSD 核心技术主要包括：三维人体素材库、三维面料素材库、可视缝合设计（也称三维仿真试衣技术）。

一、三维人体素材库

微思服装 VSD 软件三维人体素材库有男模、女模、童模等三维人体素材。如图 1-1 所示，进入三维人体素材库选择一个三维人体，设计者可以根据设计的需要对三维人体素材进行

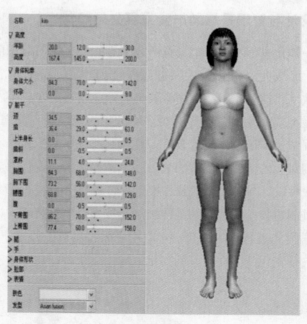

图 1-1　三维人体

控制部位尺寸、动作、表情、外表肤色等进行调整，而且三维人体会参照各个地区人体的体型特点而有所区别，调整好后保存至三维人体素材库。三维人体素材是通过三维人体测量出人体部位的各项数据尺寸，将人体部位尺寸进行参数化处理后，运用计算机模拟出符合真人体活动的身体轮廓及运动效果，采用物理建模技术，建立完整的三维人体。

二、三维面料素材库

面料易于形变，不同于常见的硬性的物体，而服装 VSD 系统可以通过网格将面料进行量化调整，从而解决这一技术难题。设计者可以根据设计的需要对三维面料素材进行面料的质地性能、图案、色彩、尺寸及环境的灯光、重力等进行调整设计（图 1-2）。

为了准确模拟出不同面料在三维空间里不同的形态，微思服装 VSD 软件有面料的质地性能数据调整功能，可以对面料的悬垂性、弯曲度（图 1-3）、弹力、视觉效果等进行调整设计。将不同质地性能的面料在三维人体上模拟出三维形态，软件直接将面料的图案、色彩等影像效果放在三维空间里表现，并能调整影像的大小和面料的颜色。

图 1-2　三维面料

高弯曲度　　　　　　低弯曲度

图 1-3　面料弯曲度设计效果对比

三、可视缝合设计

可视缝合设计是指将二维的服装样板仿真模拟成三维服装穿在三维人体上，必须根据人体的凹凸和服装面料的性能、质地等条件产生模拟形态，判断服装的舒适程度，从而达到三维试衣的目的（图 1-4）。

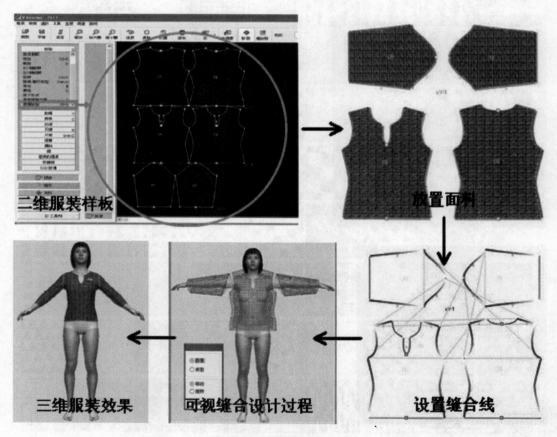

图 1-4　可视缝合设计流程

　　可视缝合设计技术也称三维仿真试衣技术，是采用计算机仿真技术、图形技术可视化地模拟三维服装形态，能较真实地模拟柔性物体的特性。为服装设计师提供强大功能的三维服装仿真工具，具有强大的"缝合"与"悬垂"功能，可迅速将平面二维服装样板转换为三维服装效果。模拟出的三维服装效果基本与实际样衣效果一致（图1-5~图1-7）。

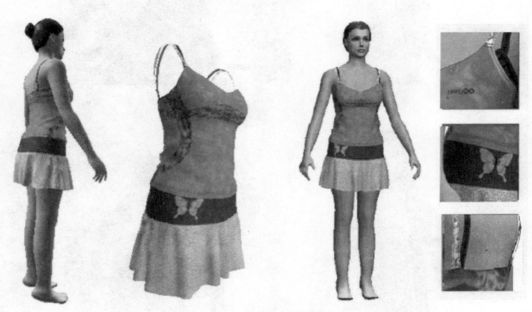

图1-5　三维服装模拟效果图1

图1-6　三维服装模拟效果图2

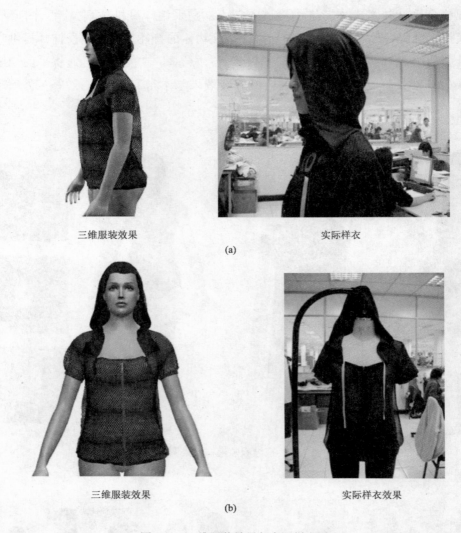

三维服装效果   实际样衣

(a)

三维服装效果   实际样衣效果

(b)

图 1-7 三维服装效果与实际样衣对比

目前，国内许多网络上大量所谓的"三维试衣"和"三维魔镜"并非是真正的三维技术，那只是为了方便网友挑选或搭配合适的服装而通过 Flash 动画技术粘合而成的，与真正的三维试衣技术还相差甚远。

思考与练习

1. 简述数字化技术对服装产业带来的好处。
2. 简述服装 VSD 系统软件的功能特点与优势。

数字化服装设计技术

课题名称： 数字化服装设计技术

课题内容： 数字化面料视觉设计

数字化服装设计

三维人体扫描测量技术

数字化服装定制

课题时间： 8课时

训练目的： 让学生了解数字化面料设计、数字化服装设计、三维人体扫描测量技术、数字化服装定制等。

教学方式： 讲解法

教学要求： 1. 让学生了解数字化面料视觉设计。

2. 让学生了解数字化服装设计。

3. 让学生了解三维人体扫描测量技术。

4. 让学生了解数字化服装定制。

第二章 数字化服装设计技术

数字化服装设计是依据服装设计过程的每一个环节展开的,包括数字化面料视觉设计、数字化服装款式设计、服装样板设计等。通过服装数字化软件可以进行面料的图案、花型和色彩设计,这样就可以在服装 VSD 系统直接看到服装款式设计效果。应用和普及服装数字化技术,将为服装企业带来生产效益和利润的最大化,同时,也为服装产业发展起到强大的推动作用。

第一节 数字化面料视觉设计

数字化面料设计是利用计算机数字图像处理和数据库等技术,建立适应个性化市场快速反应的数字化面料设计系统。可以借助先进的数字化技术、数字图像处理技术,调用设计图库和网络资讯的大量信息,实现面料设计开发的可视化操作,激发设计师的创作灵感,拓宽图形创意视野,突破设计师与目标市场沟通的瓶颈,缩短传统模式设计、实验、打样、确认的磨合期,达到面料设计、创意、生产、市场效益的最优组合。可以运用图像技术和数字化技术合成设计面料,模拟面料产品效果,方便客户选择,并能瞬间通过网络传输确认。同时,它还使企业在生产操作之前,虚拟最终产成品的视觉效果,达到优化工艺、正确决策和减少风险的目的。

一、面料色彩设计

(一)调整色彩的精准度

通过建立常用色彩库或者借助色彩标准来调整色彩的精准度,使图案和花型、色彩达到最佳效果。

(二)实现不同色彩系统无缝转换

这种转换功能对精准程度特别重要。因为它可以将计算机显示屏显示的色彩与最终数码印染机输出的色彩保持一致,从而达到设计与面料生产的色彩一样。

（三）电子数码配色与分色

　　图案设计获得的设计样稿通过后续的分色，可做出精细的分色版，而且通过自动减色功能可以合理地减少制版数量，这样既可省成本，又不损失图案效果。

二、面料款式结构设计

（一）纱线数字化设计

1. 单根纱线

单根纱线的模拟主要是通过设定纱线的粗细、颜色、密度等具体数值来获取相应的外观的纱线特征。

2. 组合纱线

通过模拟各种不同外观特征的纱线组合，模拟普通纱线、混合纱线等不同风格特征的纱线。

（二）织物组织数字化设计

　　织物组织数字化设计是通过织物组织 CAD 技术来完成的。织物组织 CAD 技术的应用缩短了设计周期、提高了工效、降低了从设计到试样过程的工作强度，可以在织物设计阶段用计算机模拟显示出织物的实际效果，大大提高了新产品的设计能力，并减少浪费，降低试样投入，增强了市场竞争力。

　　织物组织数字化设计过程是一项复杂细致的工作，以往由手工进行的画点和计算这些技术难度大的工作大部分可由计算机来代替，但是因为花样纹版处理的复杂性，通过纹版鉴别的方法复杂、效率低、容易出错，而且效果不直接体现出来，缺乏直观性，对于复杂的花样，尤其可能出现设计上的差错。如果每次设计的结果都需采用试织法，试织不满意又重新设计再进行纹版处理试织，直到满意为止，这个重复工作不仅需要很长时间，而且需要消耗大量的人力、物力。

　　织物的实物模拟是将织物各种主要因素数字化、模型化，即用计算机自动处理实现模拟织物的生成过程并模拟外部环境对织物的影响。织物的实物模拟也为实物的场景模拟、服装辅助设计、虚拟现实、计算机动画等提供了必要的基础。场景模拟，就是将纺织品输入计算机搭建的二维或三维环境中，从而能更加直观方便地评判织物的设计效果。织物模拟效果开发成功后，可以进行直观的织物设计，实现计算机虚拟试样，从而大大减少设计中的不可知性，可在新产品的开发中，降低成本、提高效率，同时也减少了设计师对试样失败的恐惧心理，有利于各类别出心裁、充满创意的产品的问世。

1. 梭织物

梭织物的表面效果由织物结构设计决定，结构是设计精美织纹效果的基础。组织结构模拟设计了分层组合的结构设计方法，以全息组织和组织库设计替代单一组织的设计。梭织物的结构有简单和复杂之分。复杂结构的梭织物由多组经纱和纬纱交织而成，主要应用复杂组织中重纬、重经、双层、多层组织来完成织物结构设计。对于复杂结构梭织物和复杂组织而言，在简单组织的基础上进行组织的组合设计是最基本的设计方法。

2. 针织物

针织物组织结构模拟以 Peirce 模型为基础，采用 NURBS 曲线模拟中心路径，圆形模拟纱线截面，利用 3DSMAX 软件实现线圈及基本组织的计算机三维模拟。在此基础上，以 3DSMAX 强大的动画功能为平台，从成圈三角及针舌的运动、纱线变形仿真三个方面模拟基本组织的编织过程，使针织过程具有直观的视觉效果，便于针织物的设计及改进。

3. 面料质地性能设计

服装设计大多是先从面料的设计搭配入手，根据面料的质地性能、手感、图案特点等来构思。选择适当的面料并通过挖掘面料美来传达服装个性精神是至关重要的，充分发挥材料的特性和可塑性，创造特殊的质感和细节局部，可以阐释服装的个性精神和最本质的美。服装 VSD 系统的面料设计功能可以根据不同质地性能的面料特性进行数字量化设计，例如：可以将针织面料的悬垂性进行数字量化设计，从而使面料设计更加逼真。

第二节　数字化服装设计

利用数字化服装设计技术可以在计算机上实现从服装款式设计开发→服装样板开发→三维虚拟试衣→网上新品发布等全部过程。数字化服装设计是利用计算机和相关软件进行服装设计和生产的过程。这是我国服装行业发展的必然趋势。

一、数字化服装款式设计

数字化服装款式设计技术已经被越来越多的设计师所认同，它成为一种趋势。数字化技术有三方面的优点：快捷、准确、高效。快捷顾名思义就是快，这在商业运作中尤为重要。传统的服装款式设计需要准备的纸、笔、颜料、画板等，常常受到多种制约，而用计算机却可以不受时间地点的限制，如果客户要求变换颜色和细节调整，传统绘画只好重新修改，甚至作废，但在计算机里就可以轻而易举地完成，它提供了多种图形设计手段，数十万种色彩以及特效等，可以非常方便地随时进行修改、放大、扭曲、调色等，操作简捷，易懂易学，大大提高了设计效率，增强了表现力。Adobe Photoshop、Coreldraw、Illustrator 等作为计算机二维设计软件中的佼佼者，组成一个强大的服装设计平台，都可以用来绘制服装设计图。其作用无非两种：利用软件的创造工具生成新图形；利用已有的图形元素进行组合加工，产生新的图形元素或作品。

Photoshop 图像编辑软件在平面设计中占主导地位，是专业领域中非常流行的工具，它可以通过图层、通道、路径等工具实现对图像的编辑，表现力极强。还可根据不同的需要进行参数设置，并编辑保存其画笔工具，给设计带来许多意想不到的效果，能够形成许多特殊的图像。利用干湿笔刷可以模拟传统的如蜡笔、炭笔等艺术效果，其手写板的功能带来更大的操作空间，图案生成器可以简单地选取图像区域创建形成新的抽象图案。由于采用了随机模拟和复杂的分析技术，该软件为很多复杂服装面料设计提供了运动动作中常要生成的具有真实肌理效果的材料。

Illustrator是一款非常强大的矢量图绘画软件，展示了惊人的适应力和创造力，贯穿了整个计算机图形世界。其蒙版的使用可以使蒙版以外的部分不再显示，从而从图像上圈选出要工作的区域，对该区域做删除、剪切、拷贝等处理，且不影响区域以外的图像。

Coreldraw是一种平面矢量绘图软件，可以利用软件提供的绘图工具、填色工具、特种效果填充工具、图片填充工具等（这只是该软件的部分功能）直接画出设计师需要的效果图，基本上能够达到手工绘制的效果，有时比手工效果图还要美观。

二、数字化服装样板设计

数字化服装样板设计应依据服装款式风格、人体主要控制部位尺寸、工艺制作的要求进行。可在服装CAD系统设计出二维服装样板。服装CAD软件进行服装样板设计主要有定数化打板和参数化打板两种。

（一）服装样板设计过程

利用服装CAD进行服装样板设计时，会涉及以下制图。

（1）弯驳领时装款式图（图2-1）。

（2）设置号型规格表（图2-2）。

（3）用服装CAD绘制出弯驳领时装结构图（图2-3、图2-4）。

（4）用服装CAD绘制出弯驳领样板图（图2-5、图2-6）。

图2-1　弯驳领时装款式图

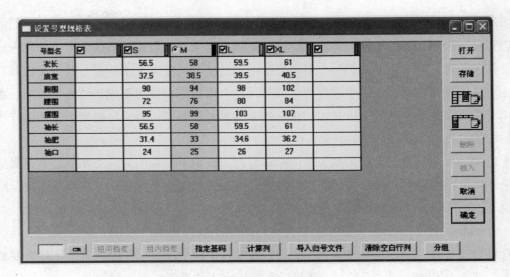

号型名 ☑	☑S	⊙M	☑L	☑XL	☑
衣长	56.5	58	59.5	61	
肩宽	37.5	38.5	39.5	40.5	
胸围	90	94	98	102	
腰围	72	76	80	84	
摆围	95	99	103	107	
袖长	56.5	58	59.5	61	
袖肥	31.4	33	34.6	36.2	
袖口	24	25	26	27	

图 2-2 设置号型规格表

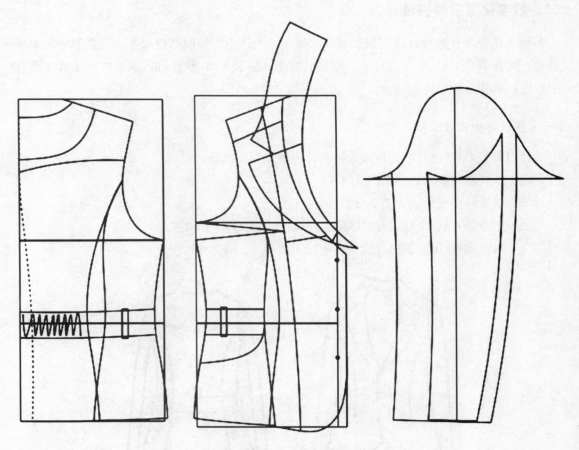

图 2-3 弯驳领时装结构

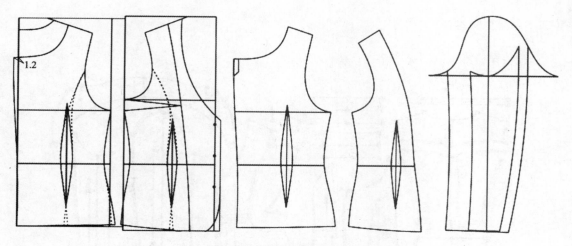

图 2-4　弯驳领时装里布结构

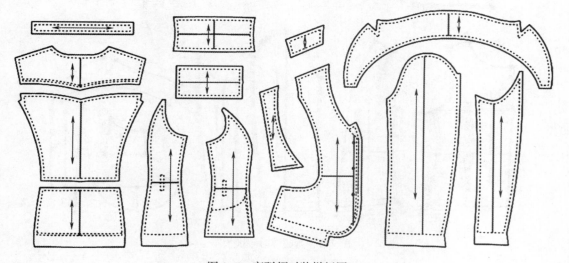

图 2-5　弯驳领时装样板图 1

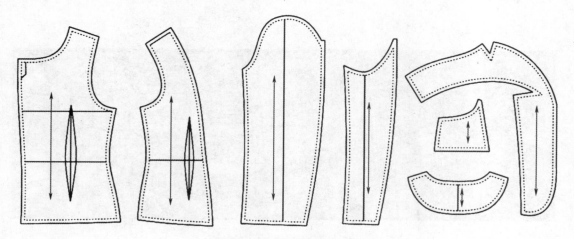

图 2-6　弯驳领时装样板图 2

（二）服装样板推板

服装样板推板制图见图 2-7。

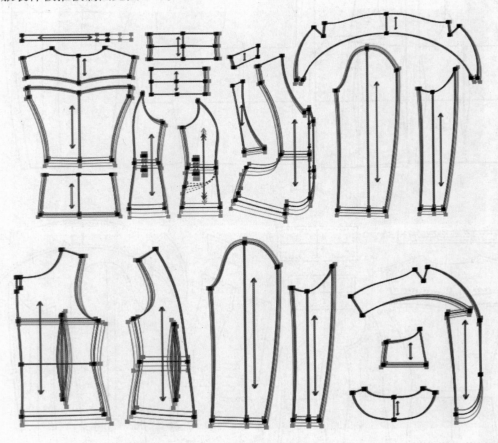

图 2-7　弯驳领时装推板图

（三）排料

排料见图 2-8 所示。

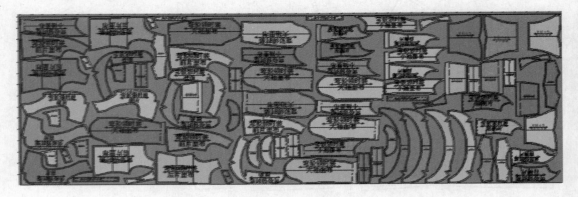

图 2-8　弯驳领时装排料图

第三节　三维人体扫描测量技术

服装市场快速反应是竞争的焦点。如何在短时间内根据终端客户的特点生产、销售令客户满意、舒适性高的服装，是提高行业竞争力、企业创收赢利的重要途径。正是这样，服装企业迫切需要借助计算机数字化和信息化技术来提升对服装市场的快速反应能力。

三维人体扫描测量技术也叫非接触式三维人体测量技术（interactive 3D whole body scanner system）。三维人体扫描测量技术是通过应用光敏设备捕捉投射到人体表面的光（激光、白光及红外线）在人体上形成的图像，描述人体三维特征。国际上常用的人体扫描仪有 Telmat 的 SYMCAD、Turbo Flash/3D、TC2-3T6、TechMath-RAMSIS、Cyberware-WB4、Vitronic-Vitus 等。三维人体扫描测量系统具有扫描时间短，精确度高、测量部位多等多种优于传统测量技术的特点，如德国的 TechMath 扫描仪在 20 秒内完成扫描过程，可捕捉人体的 80000 个数据点，获得人体相关的 85 个部位尺寸值，精确度为 < ±0.2mm；美国的 TC2 通过对人体 4.5 万个点的扫描，迅速获得人体的 80 多个数据，可以全面精确地反映人体体型情况。英国的 TuringC3D 系统还可以捕捉表面的材质，对物体表面的色彩质地进行描述。扫描输出的数据可直接用于服装设计软件，进行量身定制。目前，人体扫描仪广泛应用于人体测量学研究、服装工业 MTM 量身定制和可视缝合设计（三维仿真试衣技术）等领域见图 2-9。

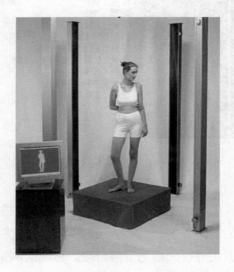

图 2-9　人体数据测量扫描工作

据有关权威机构调研数据显示，虽然市场上服装的品牌众多，款式纷呈，但在服装的合体程度上却不尽如人意，消费者中 77.9% 的消费者要求服装合身。由于服装不合身，在首次销售尝试时有 47.7% 的服装不合身，造成实际销售量比预计低了 16.65%，服装的合体性差对消费者而言，会造成一定的不舒适感，严重的会影响正常的工作。三维人体扫描测量技术的出现大大改善了服装行业的服装合体问题，使得服装的量身定制、个性化生产成为现实（图 2-10）。

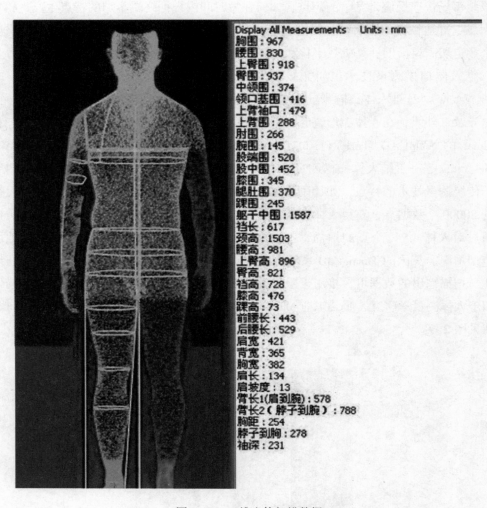

图 2-10　三维人体扫描数据

三维人体扫描测量技术是一种先进的全自动高精度立体扫描技术，又称为"实景复制技术"，是继 GPS 空间定位技术后的又一次测绘技术革新，将使测绘数据的获取方法、服务能力与水平、数据处理方法等进入新的发展阶段。传统的测量方法，如三角测量方法、GPS 测量都是基于点的测量，运用到测量人体的三维数据上，人体扫描技术基于面的数据采集方式，用激光扫描获得的原始数据为点数据，点数据是大量扫描离散点的结合。三维人体扫描测量技术的主要特点是实时性、主动性、适应性好，扫描时无需和人体接触，扫描数据经过简单的处理就可以直接使用（图 2-11）。

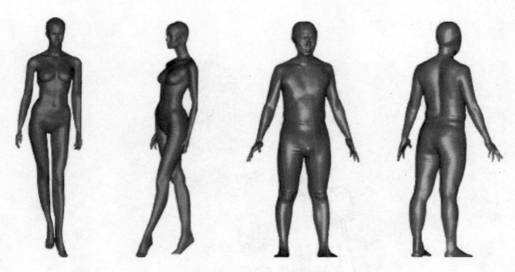

图 2-11　三维人体模拟

目前，国内外都有人体扫描系统，但所有系统都是由地面三维激光扫描仪、数码相机、后处理软件、电源以及附属设备构成，它们都是采用非接触式高速激光测量方式，获取人体的几何图形数据或影像数据，最终由后处理软件对采集的点数据和影像数据进行处理，转换成绝对坐标系中的空间位置坐标或模型，以多种不同的格式输出，最终得到人体的精确数据和人体的三维形态档案（图 2-12）。

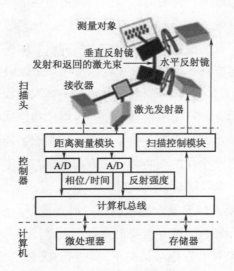

图 2-12　人体激光扫描测量基本原理

现阶段，需要通过两种类型的软件才能使三维人体激光扫描仪发挥其功能：一类是扫描仪的控制软件；另一类是数据处理软件。前者通常是扫描仪附带的操作软件，既可以获取数据，也可以对数据进行相应处理；而后者多为第三方企业提供详细的人体扫描数据处理信息，主要用于数据处理（图 2-13）。

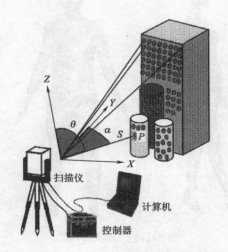

图 2-13　人体激光扫描仪系统组成与坐标系图

第四节　数字化服装定制

随着人们生活水平的提高和消费观念的改变，个性化需求与日俱增，使得尝试服装定制的人越来越多，而且逐渐成为一种时尚。当人们的物质生活丰富的时候，人们的生活空间和生活方式有着更多的延展，在出席商务谈判、聚会、庆典等多种社交场合时需要用不同的服饰体现自己的修养、社会层次或经济地位。品牌服装的模糊性有时无法概括这种丰富性，服装定制却能够从容应对。这就给服装定制市场带来无限商机。

传统的服装定制是要经过"量体→制板→扎原型→客人试板→修正样板→最终确定样板"这一过程。随着人们对穿着打扮的精益求精，不同消费层次的服装定制频频出现，敢于尝试并且有能力尝试高级定制的人正在稳步增多。定制服装能满足消费者对服装的所有个性化渴望。拥有专属于自己个性的衣装，可向人们展示自己不同一般的身份和个性，强调自己的与众不同，展示"个性时尚"的风采。

传统的服装定制基础是人体测量、样板制作、成衣试穿。成衣规格来源于人体尺寸，制板需要技术人员的技能和经验，试穿需要消费者本人直接参与。由于人体体型、个体要求以及服装制作过程的复杂性，在很多情况下，现在的成衣生产很难满足消费者的合体、舒适和个性化需求。随着计算机数字化技术的发展，服装测量、制板、试穿方面的研究已经取得了显著的成果，形成了由三维人体扫描获取量体数据、二维服装制板制作和三维虚拟试衣三个要素构成的数字化服装定制技术。这种新的服装定制生产模式是现代意义的度身定制的服装生产方式，数字化和信息网络化技术所带来的个性化服务是这种定制生产模式区别于传统单量、单裁服装定制生产的重要标志。

　　数字化服装量身定制英文为 Electronic Made to Measure，简称 EMTM。数字化服装量身定制系统是将产品重组以及生产过程重组转化为批量生产。首先，通过三维人体扫描系统获得客户人体各部位规格信息，将其通过电子订单传输到服装生产 CAD 系统，系统根据相应的尺码信息和客户对服装款式的要求（放松量、长度、宽度等方面的信息），在服装样板库中找到相应的匹配的样板，此系统从获取数据到样衣衣片完成、输出可以缩短到 8 秒，最终进行系统快速反应方式的生产。按照客户具体要求量身定制，做到量体裁衣，使服装真正做到合体舒适；对于群体客户职业装或者制服的制定，需要寻找与之相应的合身的尺码组合。整个操作过程，从获取数据到成衣完成需要 2~3 天的时间，大大缩短了定制生产时间，提高了企业的生产速度。

　　在网络定制平台上，将原本需要消费者提供的个人信息，也简化成了一些标准性的语言供消费者选择。在填写了有关尺寸信息后，消费者只需要针对各个部位挑选自己喜欢的样式就可以完成前期定制过程。从定制一件产品开始，可以通过这套 IT 系统追踪这个消费者。在生产的过程中，可以及时地通过短信、电子邮件等方式通知消费者定制产品已经生产到什么程度了，大概还需要多少时间就可以拿到，让消费者减少等待的焦虑。

　　数字化服装量身定制系统利用现代三维人体扫描技术、计算机技术和网络技术将服装生产中的人体测量、体型分析、款式选择、服装设计、服装订购、服装生产等各个环节有机地结合起来，实现高效快捷的数字化服装生产链条。作为一种全新的服装生产方式，数字化服装量身定制生产已经成为国内外服装生产领域研究的重点，并将成为未来数字化服装生产的一个重要的发展方向。

思考与练习

　　1. 简述数字化面料视觉设计给设计工作带来的好处。
　　2. 简述可视缝合设计技术给服装企业带来的好处。

应用理论——

微思服装 VSD 系统功能介绍

课题名称：微思服装VSD系统功能介绍

课题内容：微思服装VSD系统的特点

微思服装VSD系统界面与菜单介绍

二维设计系统

三维设计系统

素材库

常用工具操作方法

课题时间：20课时

训练目的：使学生掌握使用微思服装VSD系统菜单功能、工具功能和操作方法。

教学方式：讲解法、演示法

教学要求：1. 使学生了解微思服装VSD系统的特点。

2. 使学生掌握使用服装VSD系统菜单功能。

3. 使学生掌握使用二维设计系统工具功能和操作方法。

4. 使学生掌握使用三维设计系统工具功能和操作方法。

5. 使学生掌握使用素材库的保存和使用方法。

6. 使学生掌握VSD常用工具操作方法。

第三章　微思服装 VSD 系统功能介绍

可视缝合设计技术英文为 Visible Stitcher Design Technology，简称 VSD。可视缝合设计技术是在服装 CAD 系统三大成熟模块（打板、推板、排料）之后发展的新的服装设计技术。服装领域使用可视缝合设计技术可以通过模拟样衣的制作过程缩短新款服装的设计时间，从而大大减少成衣的生产周期。同时，可视缝合设计技术为服装的销售方式提供了新途径，使网上销售和网上新款发布会的普及成为可能。微思 VSD 系统对服装效果的模拟真实程度达到 95% 以上，在李宁、安踏、九牧王等国内知名服装企业里具有较高的使用率。凭借人性化的操作界面、实用的系统工具与其他所有服装 CAD/CAM 软件相互兼容，其在国内大型服装企业和服装院校教学中被应用。可视缝合设计技术是由计算机将二维平面设计的衣片放在虚拟人体上，缝合生成三维的服装，属于"衣片—缝合"系统。

第一节　微思服装 VSD 系统的特点

微思服装 VSD 系统是一种服装三维可视缝合设计技术应用软件，可简化服装设计流程。微思服装 VSD 系统根据服装款式将二维服装样板、设计图片、面料和辅料、logo、印花等资料，在一个设定的仿真模特身上试穿，即时呈现服装的三维仿真效果，并且能任意修改和在线展示、沟通。模拟成衣的过程分为"立体人体模特→二维衣片样板控制→缝合→试穿→样板修正"五个步骤（图 3-1）。

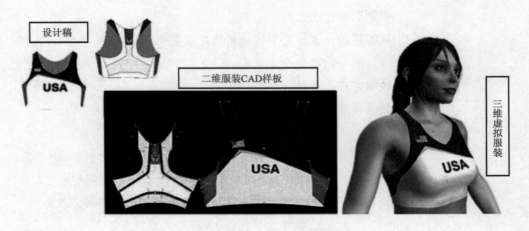

图 3-1　从设计稿到三维试衣的过程

一、五大工作步骤

五大工作步骤的内容如下。

1. 立体人体模特

在穿着的情况下评价服装的合体性、舒适性是最为准确的。设立 3D 模特是模拟成衣的第一步。设计者可利用人体模特工具打开立体人体模特库，指定模特穿着服装样品，也可根据所需人体尺寸调整模特尺寸。除了可以对模特 100 多个主要部位的尺寸（如身高、胸围、腰围、臀围、胸高点等）进行调节外，还可调整皮肤、脸、头发以及姿势和体态等。我们可将国家标准人体的尺寸输入，修改模特素材库中提供的立体人体模特，建立自己所需的穿衣模特，修改结果可保存以备下次使用（图 3-2）。

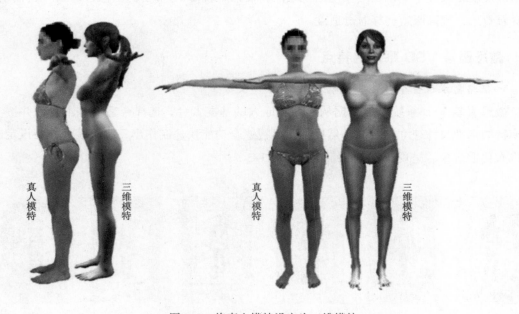

真人模特　三维模特　　　真人模特　三维模特

图 3-2　将真人模特设定为三维模特

2. 二维衣片样板控制

要将设计好的样板衣片穿到人体模特上，首先需将各衣片按照在人体模特上穿着的位置依次在二维平面上排列整齐，且各衣片要按布纹方向纵向放置。然后在衣片控制栏设定每片衣片的名称，依据衣片对人体的包围度设定弯曲百分率、几何形状等参数，最后根据设计选定衣片的面料。

3. 缝合

衣服是由衣片相互缝合而成，在模拟成衣过程中也需在衣片上设定缝线，计算机才能将衣片模拟缝合起来。我们使用缝线工具在衣片上设立一对一的缝线。例如：前片和后片缝合时，前片有一条缝线对应后片上也有一条缝线。该过程要非常细心，所有缝线不可缺失，否则衣片最终无法组成完整的服装。在模拟成衣过程中还可自由设定针脚（收缩、边界、折叠等），然后计算机把衣片放置在人体模特的相应部位周围，并自动模拟缝合。

4. 试穿

衣片上所需设定执行完成后即可启动试穿工具，将衣片模拟缝合成服装，并穿着在虚拟人体模特上，显示模拟服装的真实穿着效果。模拟服装可自然真实地体现各种面料穿着时的质感和肌理效果，面料的花型、图案、颜色能够由设计者随意更换。设计者还可根据不同面料的特性设定其伸长率，提高服装穿着时的合体性。

5. 样板修正

设计人员可通过用鼠标全方位旋转着装模特，直接观察衣片各部位每个角度穿着的效果和细节。通过拉紧图中的红、绿、蓝三种颜色可观察各部位衣身的松紧程度。根据着装效果以及反映服装不同部位松紧度的拉紧图，设计者就可正确地修正样板尺寸，改善服装的穿着效果，提高服装的穿着舒适度。

二、微思服装 VSD 系统的特点

1. 根据需求设置个性化三维模特

微思服装 VSD 系统可以根据从婴儿至成人的基本人台，选择合适的基本人台并按实际模特的标准尺寸建立与更改。然后利用可视缝合功能快速制作出三维服装，并在设定的三维人台上试穿，呈现服装的三维效果（图 3-3）。

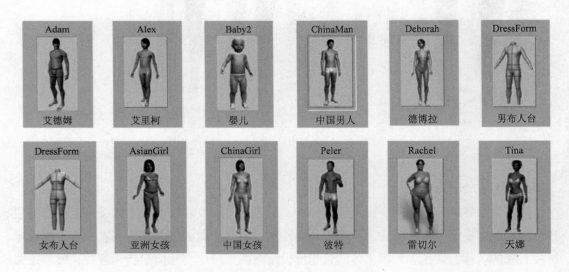

图 3-3　模特素材库

2. 全面提升服装设计的工作效率

可视缝合设计技术可大幅度地提高产品和工程的设计效率和质量（图 3-4），改善劳动条件，提高产品和工程在市场上的竞争能力。国外的统计数据表明，应用可视缝合设计技术可降低工程设计成本13%~30%；可减少产品从设计到投产的时间30%~60%；提高产品质量5~15倍；增加分析问题的广度和深度能力3~35倍；提高产品作业生产率40%~70%；提高投入设备的生产率2~3倍；减少加工过程30%~60%；降低人工成本5%~20%。可视缝合设计技术的研究开发和广泛应用，可以促进我国软件产业的发展，尤其是应用软件产业的发展。这样不仅可加速传统产业和产品的技术改造，还可促进传统学科的飞速发展。由此产生的直接和间接经济效益是巨大的，其社会效益也是不可估量的。

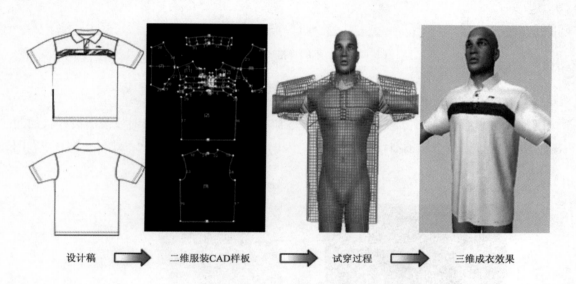

设计稿 ➡ 二维服装CAD样板 ➡ 试穿过程 ➡ 三维成衣效果

图3-4 服装VSD设计流程

3. 方便不同颜色、不同款式的组合设计

不同颜色、不同款式的开发设计不需要重复设计和重新开发样衣了，在微思服装VSD系统，只需要十秒钟就可以轻松设计出来，可以减少设计师的重复劳动，大大地提升设计效率（图3-5）。

图3-5 同一款式进行不同颜色的组合设计

4. 快速模拟不同规格的三维试衣效果

通过微思服装VSD系统制作出基本码的三维服装后，其他推板的衣服同时制作完成，

可以分别试穿不同尺码的衣服，看三维效果（图3-6）。

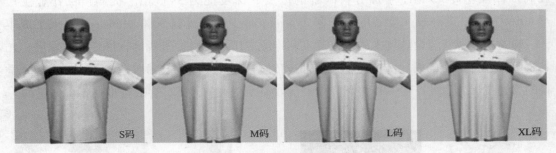

S码	M码	L码	XL码

图3-6　不同规格三维试衣效果

5.及时看到修改样板的三维成衣效果

通过微思服装 VSD 系统制作样板并经三维模特试穿后，能够及时发现服装样板的问题，并且可以经过二维 CAD 样板的修改，及时看到调整后的三维试衣效果（图3-7、图3-8）。

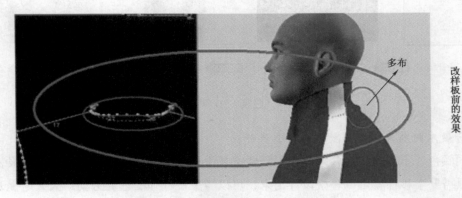

德思服装VSD系统中后领深下降1cm的三维效果对比

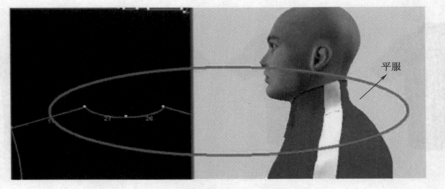

图3-7　后领深修改效果图

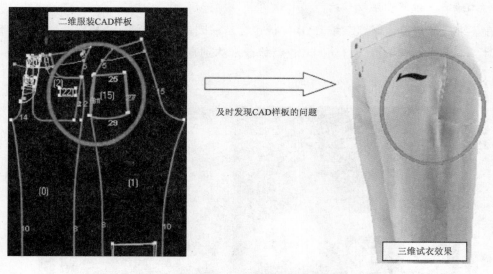

图 3-8　裤子修改效果图

6. 随时可以根据设计而修改样板

微思服装 VSD 系统进行三维试衣，即时得到款式三维效果。如需更改效果，只需直接在三维服装上画线做标记，这时，对应的 CAD 样板片上即时出现指导线，在 CAD 样板片上修改样板形状，再次试穿后就能看到修改后的三维服装效果。反过来，在三维服装上移动标记线的位置，CAD 样板上的标记线也同步按相应的位置移动（图 3-9）。

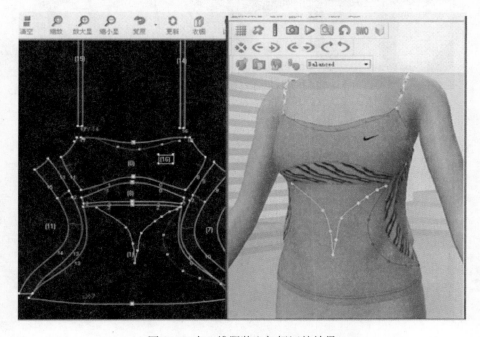

图 3-9　在三维服装上加标记的效果

7. 二维与三维同步联动修改

在三维成衣上修改时，二维 CAD 样板也会自动同步进行修改。同时在二维 CAD 样板修改时，三维成衣效果也会自动同步进行修改。达到真正的高效自动联动修改（图 3-10～图 3-13）。

图 3-10 二维与三维 logo、印花位置、大小及颜色也相应改变对比效果 1

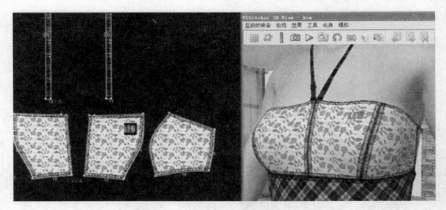

图 3-11 二维与三维 logo、印花位置、大小及颜色也相应改变对比效果 2

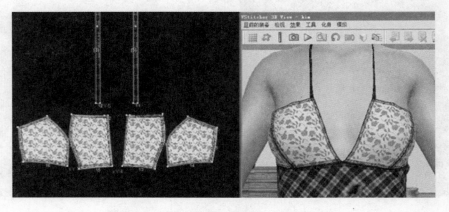

图 3-12 改变二维样板形状与三维试穿效果 1

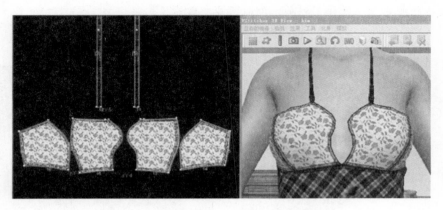

图3-13　改变二维样板形状与三维试穿效果2

8.快速将面料素材植入款式设计之中（图3-14）

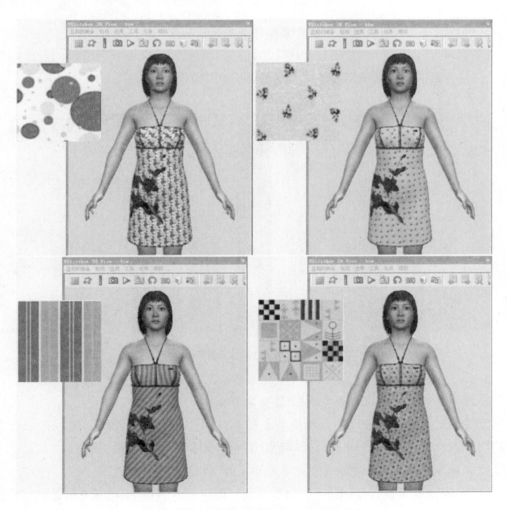

图3-14　面料素材快速植入款式设计之中

9. 可以模拟出不同特性面料的三维服装成衣效果（图 3-15）

面料的成分改变
时，服装模拟状态
也会联动改变。

图 3-15   不同特性的三维服装成衣效果

10. 可以通过色卡和数值来判断着装的舒适度和松紧度

微思服装 VSD 系统对紧身的衣服可以通过色卡和数值来判断衣服着装的舒适度和松紧度，白色（数值 0.1）表示宽松，红色 (数值 100) 表示收紧（图 3-16）。

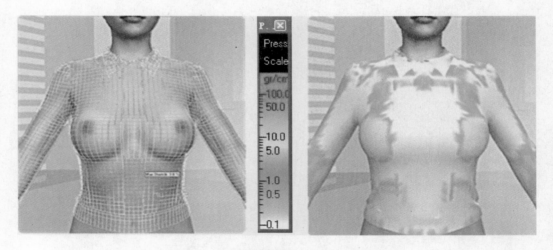

图 3-16   着装的舒适度和松紧度对比

11. 可以从三维效果转化为二维 CAD 服装样板

微思服装 VSD 系统可以在三维服装上绘制、调整和确定分割线，然后在二维服装 CAD 样板上按确定的分割线剪开，即得到准确的二维服装 CAD 样板（图 3-17）。

12. 三维服装成衣效果可以生成电子文档（图 3-18）

微思服装 VSD 系统设计制作出三维服装后，可存为 BWO 档案电子文档，只需通过网络发送邮件传送，就能使相关方确认产品效果，为开发产品赢得时间。

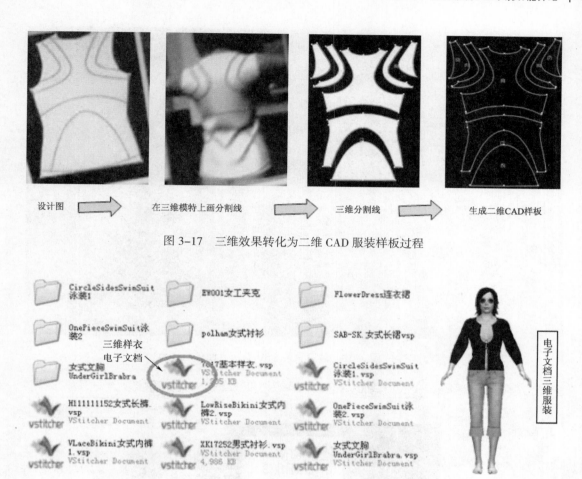

设计图 → 在三维模特上画分割线 → 三维分割线 → 生成二维CAD样板

图 3-17　三维效果转化为二维 CAD 服装样板过程

图 3-18　三维服装成衣效果电子文档

　　微思服装 VSD 系统具有智能化、物性分析、动态仿真等方面的优势。参数化设计向变量化和超变量化方向发展；三维线框造型、曲面造型及实体造型向特征造型以及语义特征造型等方向发展；组件开发技术的研究应用还为 CAD 系统的开放性及功能自由拼装的实现提供了方便。微思公司通过与国内服装高校和国内知名服装企业的合作，使其软件的工业化应用在国际上处于领先的地位。

第二节　微思服装 VSD 系统界面与菜单介绍

一、系统界面介绍

　　系统的工作界面就好比是设计师的工作室，熟悉了这个界面也就熟悉了设计师的工作环境，自然就能提高工作效率（图 3-19、图 3-20）。

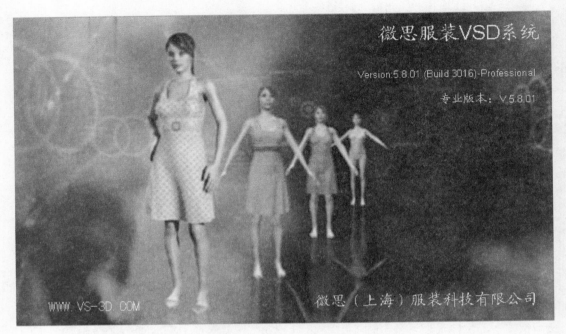

图 3-19　微思服装 VSD 系统界面

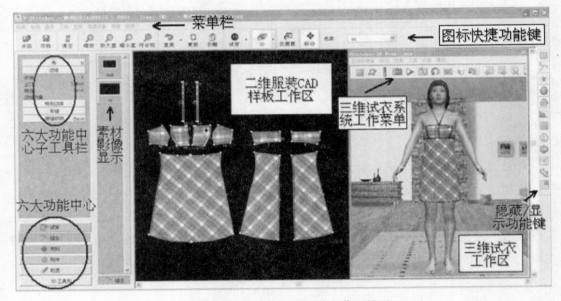

图 3-20　微思服装 VSD 系统工作区界面

二、菜单栏

　　菜单栏是按照程序功能分组排列的按钮集合，处于标题栏下的水平栏内，包含：文件、编辑、查看等八个菜单，可以是内置或自定义菜单栏，菜单内是各个命令（图 3-21）。

图 3-21　菜单栏

1. 八个菜单功能（表 3-1）

表 3-1　八个菜单功能

序号	名称	功能	序号	名称	功能
1	档案	打开档案文件	5	支援	保存、打开 VSP 档案
2	检视	工具窗口状态	6	接通设备	读取档案制作资料
3	通信	用 E-mail 发送档案	7	视窗	衣橱、3D 窗口
4	工具	常用工具管理	8	说明	软件相关内容

2. 图标快捷功能键（表 3-2）

表 3-2　图标快捷功能键

序号	名称	功能	序号	名称	功能
1	开启	打开已保存的档案	9	更新	更新档案内容
2	存档	保存当前档案	10	衣橱	档案管理数据库
3	清空	删除当前档案内容	11	试穿	开始三维模拟
4	缩放	放大缩小	12	3D	打开三维视窗
5	放大	放大画面	13	分类	衣服分类管理
6	缩小	缩小画面	14	移动	移动 CAD 样板
7	符合显视	正常画面显示	15	色版	不同面料方案的服装
8	复原	恢复上一级操作画面			

3. 隐藏／显示功能键（表 3-3）

表 3-3　隐藏／显示功能键

序号	图标	功能	序号	图标	功能
1		隐藏／显示布料	4		隐藏／显示内点
2		隐藏／显示缝合线	5		隐藏／显示 3D 线
3		隐藏／显示缝份	6		隐藏／显示止口

续表

序号	图标	功能	序号	图标	功能
7		隐藏／显示网格	10		隐藏／显示放码点
8		隐藏／显示样板编号	11		隐藏／显示样板边缘数字
9		隐藏／显示布纹线	12		隐藏／显示放码尺码

4. 六大功能中心（图 3-22）及功能介绍（表 3-4）

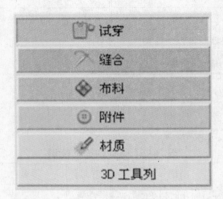

图 3-22　六大功能中心

表 3-4　六大功能中心

序号	名称	功能	序号	名称	功能
1	试穿	三维制作样板处理功能中心	4	附件	三维制作 logo、印花处理功能中心
2	缝合	三维制作样板缝合处理功能中心	5	材质	三维制作样板、logo、印花效果处理功能中心
3	布料	三维制作样板布料处理功能中心	6	3D 工具列	三维视窗处理功能中心

（1）试穿：样板处理中心。

① 板型工作中心（图 3-23）、板型工作中心功能键介绍（表 3-5）及板型工作中心功能介绍（表 3-6）。

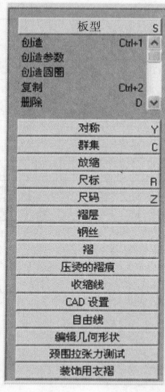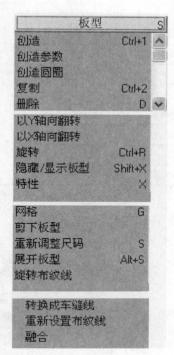

图 3-23 板型工作中心

表 3-5 板型工作中心功能键

序号	名称	功能	序号	名称	功能
1	板型	CAD 样板处理功能	12	褶层	服装褶层处理
2	创造	创建服装 CAD 样板	13	钢丝	钢丝数据库
3	创造参数	按设定的数字创造服装 CAD 样板	14	褶	衣服褶处理
4	创造圆圈	设定半径创造圆形样板	15	压烫的褶痕	压烫的褶痕处理
5	复制	复制二维服装 CAD 样板	16	收缩线	收缩效果处理
6	删除	删除服装 CAD 样板	17	CAD 设置	服装 CAD 样板处理
7	对称	对称所需要的 CAD 样板	18	自由线	设计辅助线
8	群集	设定 CAD 样板在三维人台的位置	19	编辑几何形状	服装 CAD 画板
9	放缩	服装 CAD 样板放码	20	颈围拉张力测试	颈围布料拉张力处理
10	尺标	测量功能	21	装饰用衣褶	服装褶皱效果处理
11	尺码	服装规格和尺码管理			

表 3-6　板型工作中心功能

序号	名称	功能	序号	名称	功能
1	创造	创造 CAD 样板	10	特性	设定样板的性质
2	创造参数	设定数据创造 CAD 样板	11	网格	设定样板的网格大小
3	创造圆圈	设定半径创造圆形 CAD 样板	12	剪下板型	剪开样板
4	复制	复制 CAD 样板	13	重新调整尺码	重新设定样板的尺寸
5	删除	删除 CAD 样板	14	展开板型	展开样板
6	以 Y 轴向翻转	以 Y 轴翻转样板	15	旋转布纹线	旋转样板上的布纹线
7	以 X 轴向翻转	以 X 轴翻转样板	16	转换成车缝线	转换样板边缘为车缝线
8	旋转	旋转 CAD 样板	17	重新设置布纹线	重新设定样板的布纹线
9	隐藏 / 显示板型	隐藏 / 显示样板	18	融合	合并样板

② 对称工作中心（图 3-24）及其功能介绍（表 3-7）。

图 3-24　对称工作中心

表 3-7　对称工作中心功能

序号	名称	功能	序号	名称	功能
1	以 X 轴对称复制	以 X 轴对称复制 CAD 样板	4	内部对称	设置 CAD 样板内部对称效果
2	以 Y 轴对称复制	以 Y 轴对称复制 CAD 样板	5	取消对称线	取消对称效果
3	边缘对称	以 CAD 边缘对称复制 CAD 样板	6	翻转	翻转样板

③ 群集工作中心（图 3-25）及其功能介绍（表 3-8）。

图 3-25　群集工作中心

表 3-8　群集工作中心功能

序号	名称	功能	序号	名称	功能
1	创造新群集	创造 CAD 样板群集	6	放置 3D 立体	设定 3D 立体点
2	编辑群集	设定群集的位置	7	设定对称	设定两个群集对称效果
3	删除群集	删除创造的群集	8	内部对称	设定单个群集内部对称效果
4	联系板型	将 CAD 样板放在已设定的群集中	9	取消对称线	取消对称效果
5	分开板型	将群集中的 CAD 样板从群集中分离			

④ 放缩工作中心（图 3-26）及其功能介绍（表 3-9）。

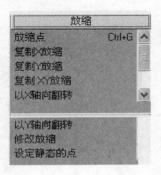

图 3-26　放缩工作中心

表 3-9　放缩工作中心功能

序号	名称	功能	序号	名称	功能
1	放缩点	放缩 CAD 样板上的点	5	以 X 轴方向翻转	以 X 轴方向翻转放缩点
2	复制 X 放缩	复制 X 轴方向设定数字放缩	6	以 Y 轴方向翻转	以 Y 轴方向翻转放缩点
3	复制 Y 放缩	复制 Y 轴方向，设定数字放缩	7	修改放缩	修改放缩点
4	复制 XY 放缩	复制 X 和 Y 轴方向，设定数字放缩	8	设定静态的点	设定不动的放缩点

⑤ 尺标工作中心（图 3-27）及其功能介绍（表 3-10）。

图 3-27　尺标工作中心

表 3-10　尺标工作中心功能

序号	名称	功能	序号	名称	功能
1	边缘长度	测量 CAD 样板的边缘长度	2	测量距离	测量直线距离的长度

⑥尺码工作中心（图 3-28）功能是衣服的放缩尺码管理。

图 3-28　尺码工作中心

⑦褶层工作中心（图 3-29）及其功能介绍（表 3-11）。

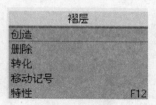

图 3-29　褶层工作中心

表 3-11　褶层工作中心功能

序号	名称	功能	序号	名称	功能
1	创造	创造褶层的定位点	4	移动记号	移动褶层定位点
2	删除	删除褶皱效果	5	特性	褶层点的性质
3	转化	转化褶皱方向			

⑧钢丝工作中心（图 3-30）及其功能介绍（表 3-12）。

图 3-30　钢丝工作中心

表 3-12　钢丝工作中心功能

序号	名称	功能	序号	名称	功能
1	增加	增加数据库中的钢丝	5	移除边缘	把钢丝的缝合线删除
2	取代	替代另一种钢丝	6	特性	钢丝的性质
3	删除钢丝	删除已选择的钢丝	7	倒转钢丝	翻转钢丝的方向
4	增加边缘	把钢丝缝合在 CAD 样板边缘	8	倒转开始点	翻转钢丝另一端为开始点

⑨ 褶工作中心（图 3-31）及其功能介绍（表 3-13）。

图 3-31　褶工作中心

表 3-13　褶工作中心功能

序号	名称	功能	序号	名称	功能
1	创造单项褶	创造刀字褶效果	4	特性	设定褶的角度
2	创造双向褶	创造 2 字褶效果	5	删除	删除褶皱效果
3	倒转方向	转换褶的方向			

⑩ 压烫的褶痕工作中心（图 3-32）及其功能介绍（表 3-14）。

图 3-32　压烫的褶痕工作中心

表 3-14　压烫的褶痕工作中心功能

序号	名称	功能
1	创造	创造褶的长度
2	删除	删除褶皱效果
3	角度	设定褶的角度

⑪ 收缩线工作中心（图 3-33）及其功能介绍（表 3-15）。

图 3-33　收缩线工作中心

表 3-15　收缩线工作中心功能

序号	名称	功能
1	创造	创造线的长度
2	删除	删除收缩效果
3	收缩	设定收缩的比例

⑫CAD 设置工作中心（图 3-34）及其功能介绍（表 3-16）。

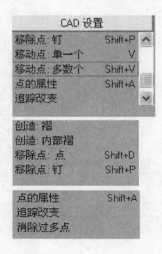

图 3-34　CAD 设置工作中心

表 3-16　CAD 设置工作中心功能

序号	名称	功能	序号	名称	功能
1	移除点：钉	移除钉点	7	创造：内部褶	创造样板内部点
2	移动点：单一个	移动一个点	8	移除点：点	删除点
3	移动点：多数个	同时移动多个点	9	移除点：钉	删除钉点
4	点的属性	点的属性转换	10	点的属性	点的性质变化设定
5	追踪改变	移动点前后的位置对比	11	追踪改变	改变前后位置对比
6	创造：褶	创造褶皱点	12	消除过多点	同时删除多个点

⑬自由线工作中心（图 3-35）及其功能介绍（表 3-17）。

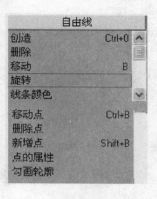

图 3-35　自由线工作中心

表 3-17   自由线工作中心功能

序号	名称	功能	序号	名称	功能
1	创造	创造自由线	6	移动点	移动点的位置
2	删除	删除自由线	7	删除点	删除点
3	移动	移动自由线	8	新增点	增加新的点
4	旋转	旋转线的角度	9	点的属性	点的性质变化设定
5	线条颜色	设定线条的颜色	10	勾画轮廓	按自由线的轮廓创造样板

⑭ 编辑几何形状工作中心（图 3-36）及其功能介绍（表 3-18）。

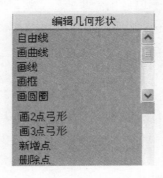

图 3-36   编辑几何形状工作中心

表 3-18   编辑几何形状工作中心功能

序号	名称	功能	序号	名称	功能
1	自由线	自由画线	6	画 2 点弓形	以两点画弧线
2	画曲线	画曲线	7	画 3 点弓形	以三点画弧线
3	画线	画直线	8	新增点	增加新的点
4	画框	画矩形	9	删除点	删除点
5	画圆圈	画圆形			

⑮ 颈围拉张力测试工作中心（图 3-37）的功能是颈围拉张力测试。

图 3-37   颈围拉张力测试工作中心

⑯ 装饰用衣褶工作中心（图 3-38）及其功能介绍（表 3-19）。

图 3-38   装饰用衣褶工作中心

表 3-19　装饰用衣褶工作中心功能

序号	名称	功能
1	创造	创造褶线
2	删除	删除褶线
3	特性	褶线的效果

⑰角工作中心（图 3-39）及其功能介绍（表 3-20）。

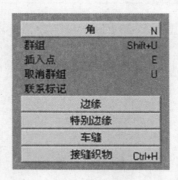

图 3-39　角工作中心

表 3-20　角工作中心功能

序号	名称	功能	序号	名称	功能
1	角	输入 CAD 样板角点的处理	6	边缘	输入 CAD 样板边缘的处理
2	群组	删除线段上的控制点	7	特别边缘	特别边缘效果处理
3	插入点	设置线段上的控制点	8	车缝	三维制作缝合功能
4	取消群组	恢复删除的控制点	9	接缝织物	三维服装的针线效果处理
5	联系标记	将多个控制点放在一条线上			

（2）布料：三维制作样板布料处理功能中心（图 3-40）及其功能介绍（表 3-21）。

图 3-40　布料功能中心

表 3-21　布料功能中心功能介绍

序号	名称	功能
1	色版	不同面料颜色效果的设定
2	布料	三维制作布料处理

①色版工作中心（图 3-41）及其功能介绍（表 3-22）。

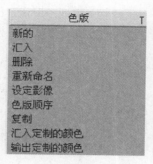

图 3-41 色版工作中心

表 3-22 色版工作中心功能

序号	名称	功能	序号	名称	功能
1	新的	增加色版	6	色版顺序	排列色版的顺序
2	汇入	汇入其他档案的色版	7	复制	复制色版
3	删除	删除设定的色版	8	汇入定制的颜色	汇入颜色特点，定义色版
4	重新命名	重新设定色版的名称	9	输出定制的颜色	输出色版的颜色
5	设定影像	设定色版的影像			

②布料工作中心（图 3-42）及其功能介绍（表 3-23）。

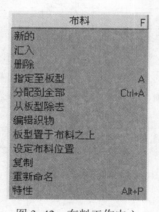

图 3-42 布料工作中心

表 3-23 布料工作中心功能

序号	名称	功能	序号	名称	功能
1	新的	增加新布料	7	编辑织物	直接去修改布料影像效果
2	汇入	汇入其他档案用的布料	8	板型置于布料之上	把指定的样板放在面料上
3	删掉	删除已增加的布料	9	设定布料位置	设定布料的位置
4	指定至板型	把选定的布料放在指定的样板上	10	复制	复制已增加的布料
5	分配到全部	把选定的布料放在所有的样板上	11	重新命名	复制的布料重新设定名称
6	从板型除去	删除已指定到样板的布料	12	特性	查看显示已选定布料的物质特性和数值

（3）附件：三维制作 logo、印花处理等附件功能中心（图 3-43）及其功能介绍（表 3-24）。

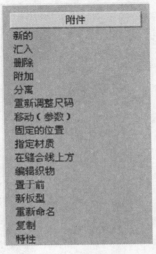

图 3-43　附件功能中心

表 3-24　附件功能中心功能

序号	名称	功能	序号	名称	功能
1	新的	增加附件	9	指定材质	指定材质到附件上
2	汇入	汇入其他档案的附件	10	在缝合线上方	将附件放在车缝线上
3	删除	删除设定的附件	11	编辑织物	编辑附件的效果
4	附加	将附件设定在 CAD 样板之上	12	置于前	两个附件设定前后
5	分离	将附件从 CAD 样板上分开	13	新板型	将选择的附件创造成 CAD 样板
6	重新调整尺码	重新设定附件的大小	14	重新命名	重新设定附件名称
7	移动（参数）	设定参数移动附件的位置	15	复制	复制已选择的附件
8	固定的位置	将附件固定在 CAD 样板上	16	特性	显示附件的性质

（4）材质：三维制作样板、logo、印花效果处理（图 3-44）等，材质功能中心及其功能介绍（表 3-25）。

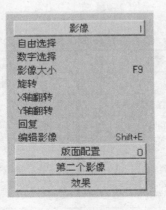

图 3-44　材质功能中心

表 3-25　材质功能中心功能

序号	名称	功能	序号	名称	功能
1	影像	影像资料的大小处理	3	第二个影像	两种影像效果
2	版面配置	影像资料的取代	4	效果	设定影像资料的颜色

① 影像工作中心（图 3-45）及其功能介绍（表 3-26）。

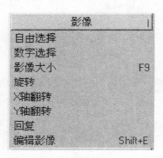

图 3-45　影像工作中心

表 3-26　影像工作中心功能

序号	名称	功能	序号	名称	功能
1	自由选择	自由设定影像大小	5	X 轴翻转	以 X 轴翻转影像效果
2	数字选择	数字设定大小	6	Y 轴翻转	以 Y 轴翻转影像效果
3	影像大小	数字设定影像大小	7	回复	回复影像
4	旋转	设定影像角度	8	编辑影像	编辑影像效果

② 版面配置工作中心（图 3-46）及其功能介绍（表 3-27）。

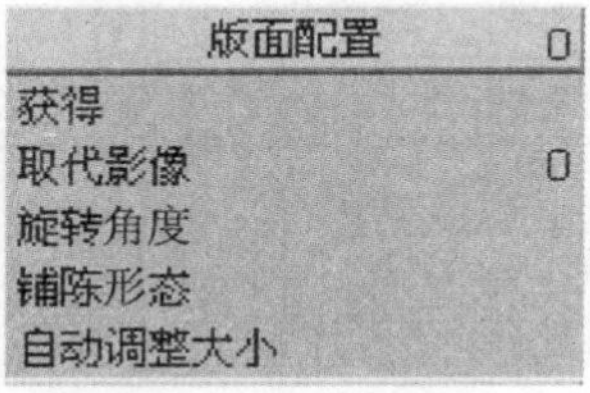

图 3-46　版面配置工作中心

表 3-27　版面配置工作中心功能

序号	名称	功能	序号	名称	功能
1	获得	从视频中获得影像	4	铺陈形态	平铺影像效果
2	取代影像	代替当前影像	5	自动调整大小	单个影像调整到 CAD 样板大小
3	旋转角度	旋转影像角度			

③ 第二个影像工作中心（图 3-47）及其功能介绍（表 3-28）。

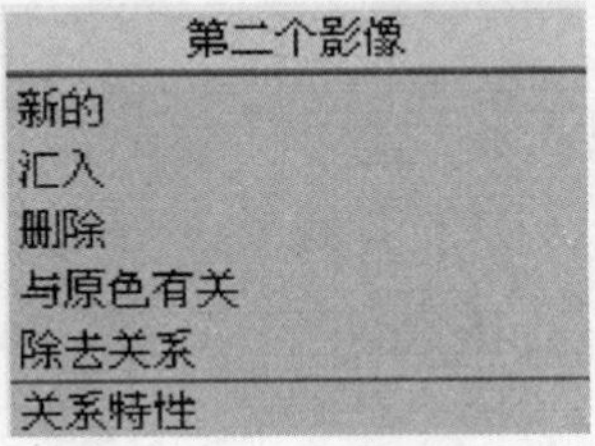

图 3-47　第二个影像工作中心

表 3-28　第二个影像工作中心功能

序号	名称	功能	序号	名称	功能
1	新的	增加第二影像	4	与原色有关	选择与原色相融效果
2	汇入	汇入其他档影像	5	除去关系	删除与原色相融效果
3	删除	删除影像	6	关系特性	设定关系性质

④ 效果工作中心（图 3-48）及其功能介绍（表 3-29）。

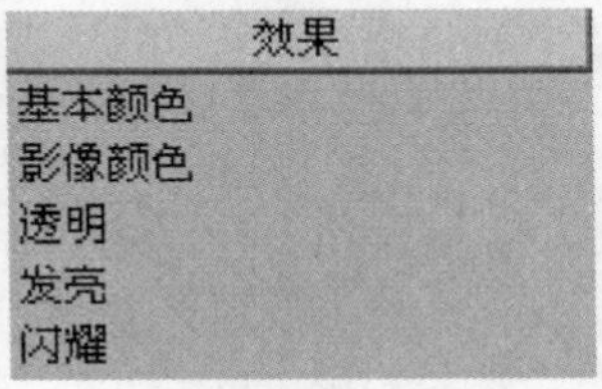

图 3-48　效果工作中心

表 3-29　效果工作中心功能介绍

序号	名称	功能	序号	名称	功能
1	基本颜色	基本色卡	4	发亮	影像发亮效果
2	影像颜色	显示影像颜色	5	闪耀	影像闪耀效果
3	透明	透明影像			

（5）3D 工具列：三维视窗处理功能中心（图 3-49）及 3D 工具列功能介绍（表 3-30）。

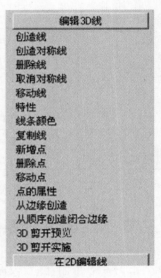

图 3-49 3D 工具列

① 编辑 3D 线：在三维服装上画指导线。

表 3-30 编辑 3D 线工作中心功能

序号	名称	功能	序号	名称	功能
1	创造线	创造 3D 指导线	9	新增点	在 3D 线上增加点
2	创造对称线	对称 3D 创造线	10	删除点	删除 3D 线上的点
3	删除线	删除 3D 线	11	移动点	移动 3D 线上的点
4	取消对称线	取消设定的对称线	12	点的属性	更改点的性质
5	移动线	移动 3D 线	13	从边缘创造	从三维衣服上边缘创造线
6	特性	显示 3D 线的性质	14	从顺序创造闭合边缘	从顺序创造闭合边缘
7	线条颜色	改变线条的颜色	15	3D 剪开预览	剪开效果预览显示
8	复制线	复制 3D 线	16	3D 剪开实施	执行剪开

② 在 2D 编辑线：即在二维 CAD 样板上画指导线（图 3-50）。在 2D 编辑线工作中心功能介绍（表 3-31）。

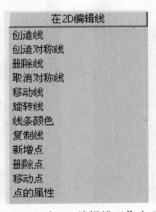

图 3-50 在 2D 编辑线工作中心

表 3-31 在编辑 2D 线工作中心功能

序号	名称	功能	序号	名称	功能
1	创造线	创造 2D 指导线	7	线条颜色	改变线条的颜色
2	创造对称线	对称 2D 创造线	8	复制线	复制 2D 线
3	删除线	删除 2D 线	9	新增点	在 2D 线上增加点
4	取消对称线	取消设定的对称线	10	删除点	删除 2D 线上的点
5	移动线	移动 2D 线	11	移动点	移动 2D 线上的点
6	旋转线	显示 2D 线型的性质	12	点的属性	更改点的性质

第三节 二维设计系统

微思服装 VSD 二维设计系统，可以在二维服装 CAD 样板工作区内制作 CAD 样板，也可以将不同品牌的服装 CAD 制作出来的样板保存成 DXF 格式文件后，导入微思服装 VSD 二维设计系统进行自由改样，或进入三维设计系统试衣看效果。

微思服装 VSD 二维设计系统的功能如下。

（1）参数创造矩形（图 3-51）。

（2）参数创造圆形（图 3-52）。

（3）创造曲线点和直线点（图 3-53）。

（4）创造控制点（图 3-54）。

（5）创造样板内部点（图 3-55）。

（6）两钉点控制样板形状改变（图 3-56）。

（7）自由线创造 CAD 样板（图 3-57）。

（8）创造曲线（图 3-58）。

图 3-51 参数创造矩形

图 3-52 参数创造圆形

图 3-53　创造曲线点和直线点

图 3-54　创造控制点

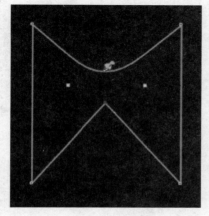

图 3-55　创造样板内部点

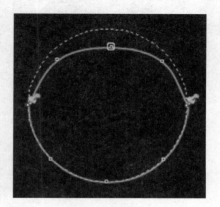

图 3-56　两钉点控制样板形状改变

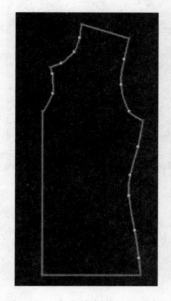

图 3-57　自由线创造 CAD 样板

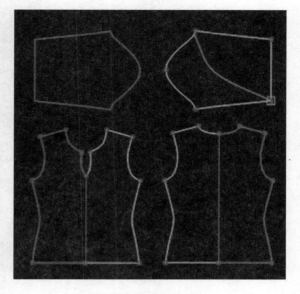

图 3-58　创造曲线

（9）曲线创造 CAD 样板 (图 3-59)。

（10）直线创造 CAD 样板 (图 3-60)。

（11）创造弧线（图 3-61）。

（12）创造样板内部线（图 3-62）。

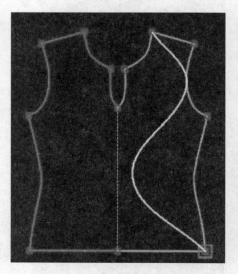

图 3-59　曲线创造 CAD 样板

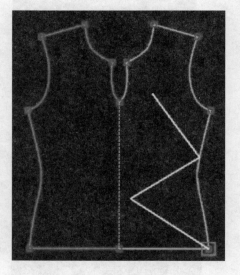

图 3-60　直线创造 CAD 样板

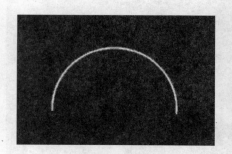

图 3-61　创造弧线

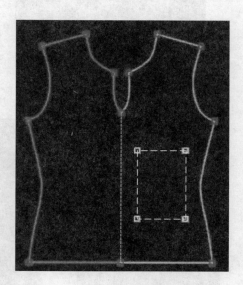

图 3-62　创造样板内部线

（13）样板修改（图 3-63）。

（14）对样板进行参数化修改（图 3-64）。

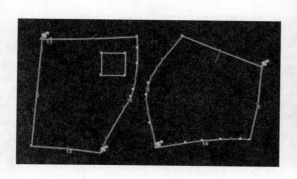

图 3-63 样板修改

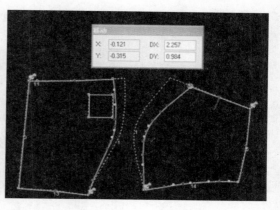

图 3-64 对样板进行参数化修改

第四节 三维设计系统

三维设计系统是微思服装 VSD 系统的核心设计中心，可以通过模拟样衣的制作即时看到成衣效果，对不合理或未达到设计效果的地方，可以即时通过三维与二维互动修改功能进行设计，同时，也可以对同一款式不同颜色进行组合设计。其主要内容如下。

1. 三维设计系统界面（图 3-65）

2. 用色卡查看三维服装布料的拉升程度（图 3-66）

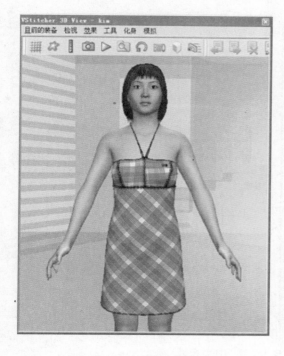

图 3-65 三维设计系统界面

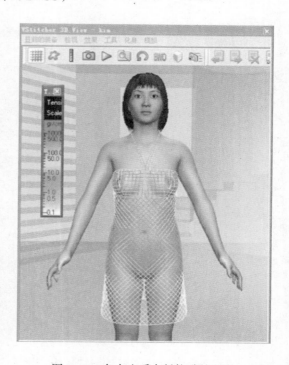

图 3-66 色卡查看布料拉升的程度

3.用色卡查看三维服装对人体的压力程度（图 3-67）

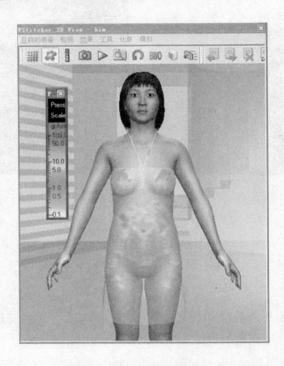

图 3-67　用色卡查看三维服装对人体的压力程度

4.可以在三维模特身体上测量任意尺寸（图 3-68）

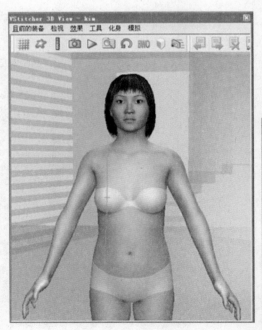

图 3-68　在三维模特身体上测量任意尺寸

5. 可以保存三维服装为 JPG 图片（图 3-69）

6. 可以保存三维服装为 BWO-3D 电子档案（图 3-70）

图 3-69　三维服装 JPG 图片　　　　　　　　图 3-70　三维服装 3D 电子档案

7. 可按角度调整三维模特的方位（图 3-71）

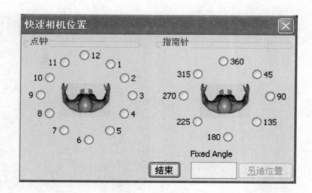

图 3-71　调整三维模特的方位

8. 微思服装 VSD 三维设计系统 3D 效果的试衣场景（图 3-72~图 3-75）

图 3-72　试衣场景 1

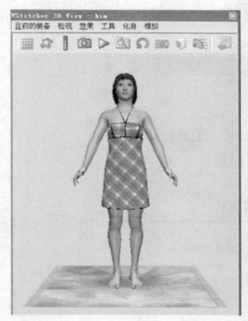

图 3-73　试衣场景 2

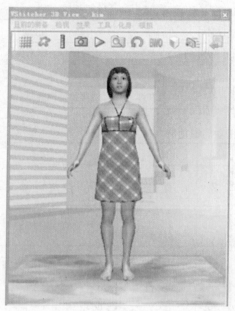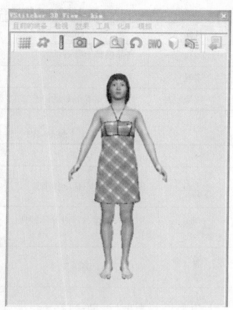

图 3-74 试衣场景 3

图 3-75 试衣场景 4

9. 三维试衣系统工作菜单（图 3-76）、功能（表 3-32）及快捷功能键功能介绍（表 3-33）

图 3-76 三维试衣系统工作菜单

表 3-32　三维试衣系统工作菜单功能

序号	名称	功能	序号	名称	功能
1	目前的装备	当前模特上穿着的衣服	4	工具	对应图标快捷工具
2	检视	工具显示	5	化身	模特数据库
3	效果	在三维试衣场景的灯光效果	6	模拟	三维效果调整设定

表 3-33　快捷功能键功能

序号	图标	功能	序号	图标	功能
1		用色卡查看布料的拉升度	7		刷新功能
2		用色卡查看布料对身体的压力强度	8		生产 BWO-3D 档案
3		在模特身上测量尺寸	9		更换三维试穿空间场景
4		照相生产 JPG 档案	10		设定三维空间模特的位置
5		开始试穿	11		记录文档
6		三维空间中进入影响资料库			

10. 化身

化身是指模特的姿势（图 3-77）。

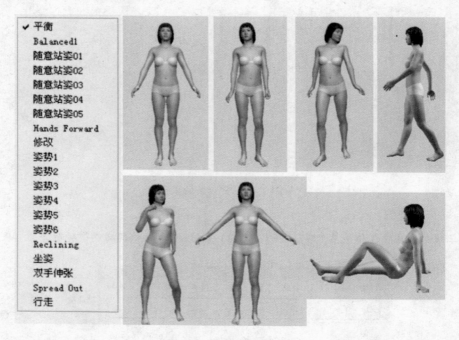

图 3-77　模特的各种姿势

11. 微思服装 VSD 三维设计系统模特的尺寸设定（图 3-78~ 图 3-83）

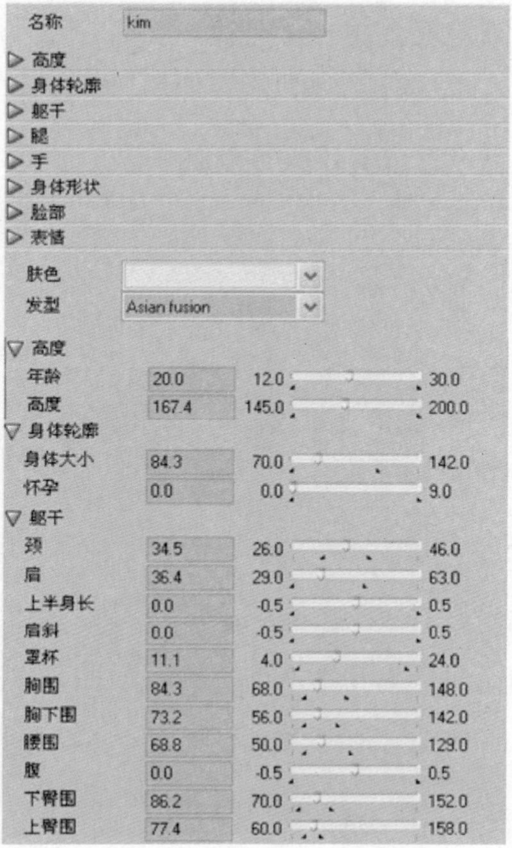

名称　kim

▷ 高度
▷ 身体轮廓
▷ 躯干
▷ 腿
▷ 手
▷ 身体形状
▷ 脸部
▷ 表情

| 肤色 | |
| 发型 | Asian fusion |

▽ 高度

年龄	20.0	12.0		30.0
高度	167.4	145.0		200.0

▽ 身体轮廓

身体大小	84.3	70.0		142.0
怀孕	0.0	0.0		9.0

▽ 躯干

颈	34.5	26.0		46.0
肩	36.4	29.0		63.0
上半身长	0.0	-0.5		0.5
肩斜	0.0	-0.5		0.5
罩杯	11.1	4.0		24.0
胸围	84.3	68.0		148.0
胸下围	73.2	56.0		142.0
腰围	68.8	50.0		129.0
腹	0.0	-0.5		0.5
下臀围	86.2	70.0		152.0
上臀围	77.4	60.0		158.0

图 3-78　模特规格尺寸控制中心

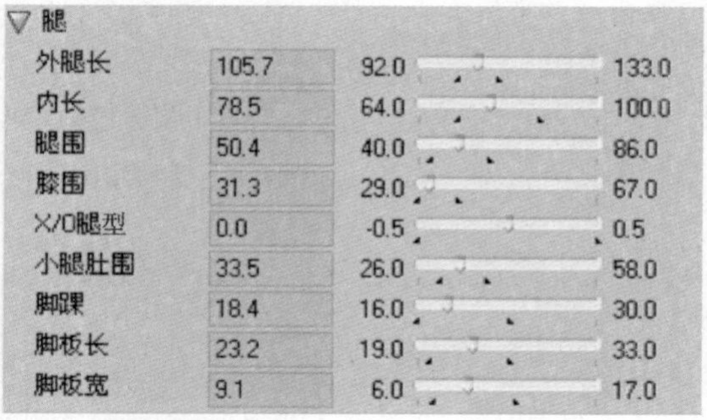

▽ 腿

外腿长	105.7	92.0		133.0
内长	78.5	64.0		100.0
腿围	50.4	40.0		86.0
膝围	31.3	29.0		67.0
X/O腿型	0.0	-0.5		0.5
小腿肚围	33.5	26.0		58.0
脚踝	18.4	16.0		30.0
脚板长	23.2	19.0		33.0
脚板宽	9.1	6.0		17.0

图 3-79　【腿部形状与尺寸控制】对话框

▽ 手

袖窿	36.7	30.0		50.0
手臂全长	52.9	46.0		70.0
上臂围	24.6	20.0		49.0
手肘	23.5	18.0		36.0
下臂围	22.6	18.0		36.0
手腕	14.5	10.0		24.0
手掌	0.0	-0.5		0.5

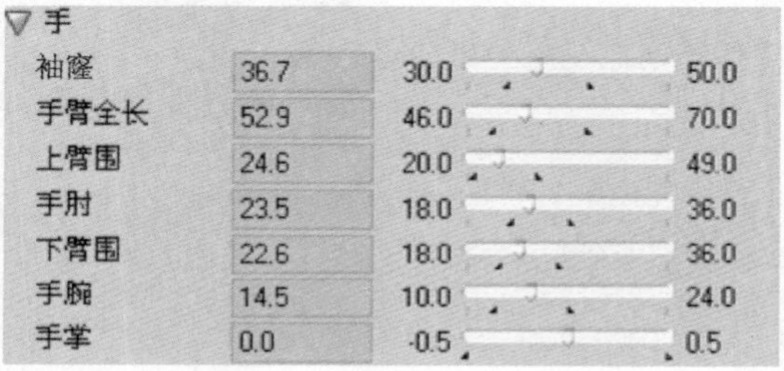

图 3-80　【手臂形状与尺寸控制】对话框

▽ 身体形状

姿势	0.0	-0.5		0.5
下身姿势	0.0	-0.5		0.5
Bottom Position	0.0	-0.5		0.5
上身姿势	0.0	-0.5		0.5
肩膀位置	0.0	-0.5		0.5
肌肉	0.0	0.0		1.0
身体宽度	0.0	-0.5		0.5
臀部宽度	0.0	-0.5		0.5
Buttocks Volume	0.0	-0.5		0.5
臀部	0.0	-0.5		0.5
高跟鞋	0.0	0.0		1.0
上胸围	0.0	-0.5		0.5
胸部位置	0.0	-0.5		0.5
无支撑	0.0	0.0		1.0
膝部	0.0	0.0		1.0
胸点	0.0	0.0		1.0
乳尖高度	0.0	0.0		1.0
胸峰距离	0.0	-0.5		0.5
胸罩上提	0.0	0.0		1.0
钢丝效果	0.0	0.0		1.0
尖形胸峰	0.0	0.0		1.0
运动形胸罩	0.0	0.0		1.0

图 3-81　【身体形状控制】对话框

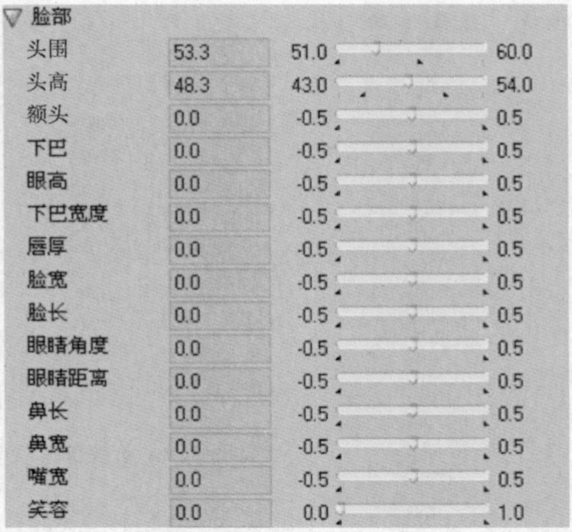

图 3-82 【脸部形态与面部表情控制】对话框

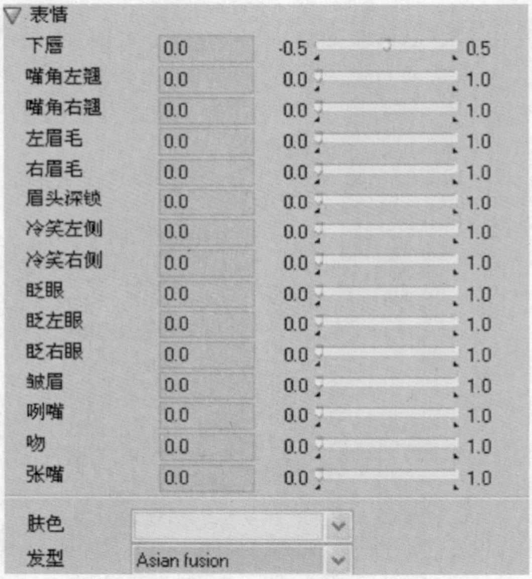

图 3-83 【表情控制】对话框

第五节　素材库

微思服装 VSD 系统中，制作三维虚拟服装和实际做衣服的原理一样，需要布料、辅料、logo、印花等素材。其素材库内容如下。

1.基本模特数据库（图 3-84）

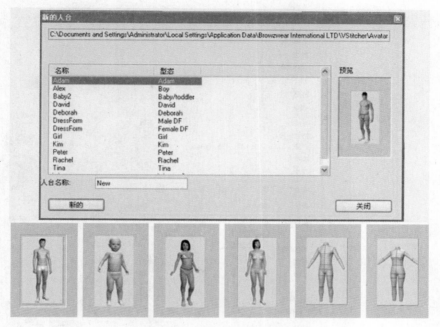

图 3-84　基本模特数据库

2.布料数据库

（1）布料物理性质数据库（图 3-85、图 3-86）。

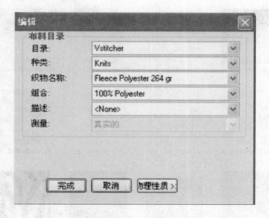

图 3-85　【布料目录编辑】对话框

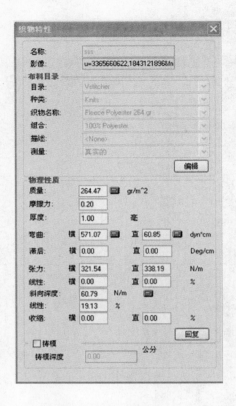

图 3-86 【织物特性】数据库

（2）布料影像数据库（图 3-87、图 3-88）。

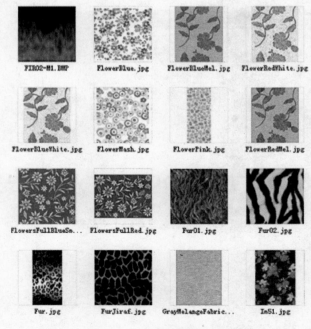

图 3-87 布料影像数据库 1

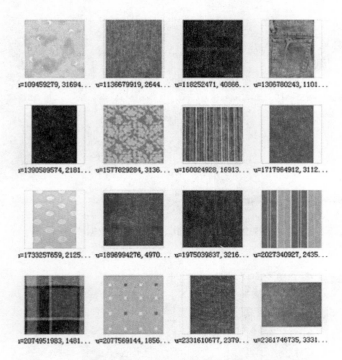

图 3-88　布料影像数据库 2

3. logo、**纽扣、配件影像数据库**（图 3-89、图 3-90）

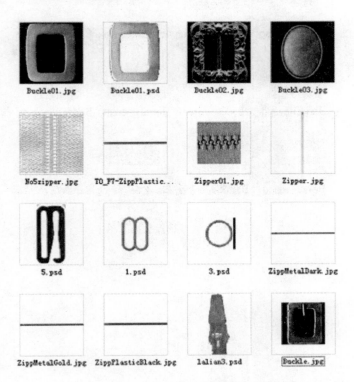

图 3-89　logo、纽扣、配件影像数据库 1

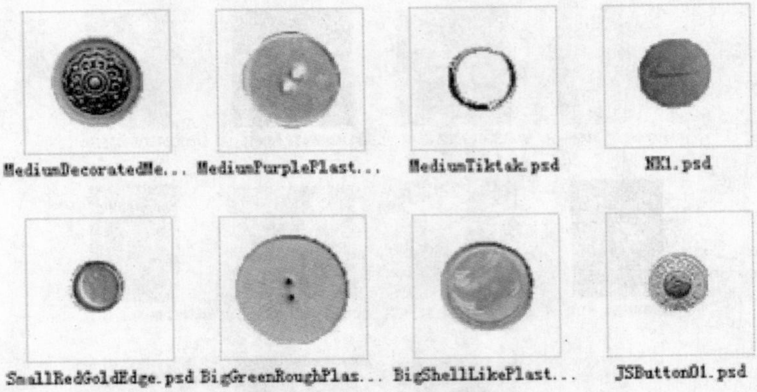

MediumDecoratedMe... MediumPurplePlast... MediumTiktak.psd NK1.psd

SmallRedGoldEdge.psd BigGreenRoughPlas... BigShellLikePlast... JSButton01.psd

图 3-90 logo、纽扣、配件影像数据库 2

4. 线型影像数据库（图 3-91~图 3-93）

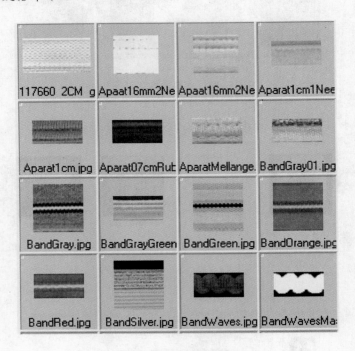

117660 2CM g Apaat16mm2Ne Apaat16mm2Ne Aparat1cm1Nee

Aparat1cm.jpg Aparat07cmRut AparatMellange. BandGray01.jpg

BandGray.jpg BandGrayGreen BandGreen.jpg BandOrange.jpg

BandRed.jpg BandSilver.jpg BandWaves.jpg BandWavesMa

图 3-91 线型影像数据库图 1

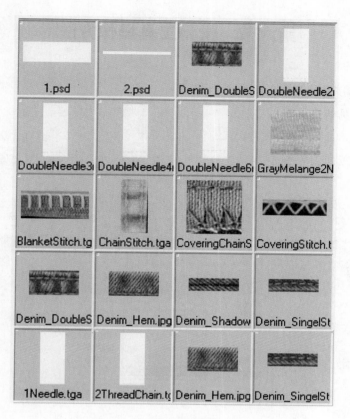

图 3-92　线型影像数据库图 2

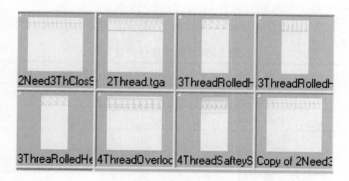

图 3-93　线型影像数据库图 3

第六节　常用工具操作方法

微思服装 VSD 系统常用工具操作步骤如下。

1.分类信息编辑

（1）【分类】对话框（图3-94）。

（2）衣服层级列表（表3-34）。

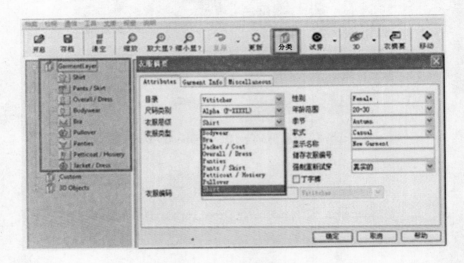

图3-94　【分类】对话框

表3-34　衣服层级列表

层数	英文	中文
1	Panties	内裤
	Body Wear	贴身装束
	Bra	内衣
2	Petticoat / Hosiery	衬裙 / 连体袜
3	Pants / Skirt	裤子 / 裙子
	Overall / Dress	连身背带裤 / 礼服
	Shirt	衬衫
4	Pullover	毛衣
5	Jacket / Coat	夹克 / 大衣

2.三维试衣工作区操作

（1）试衣空间设定（图3-95）。

（2）试衣空间操作设定（图3-96）。

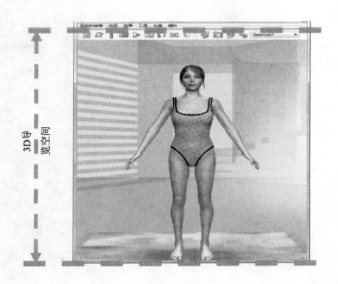

图 3-95　试衣空间设定

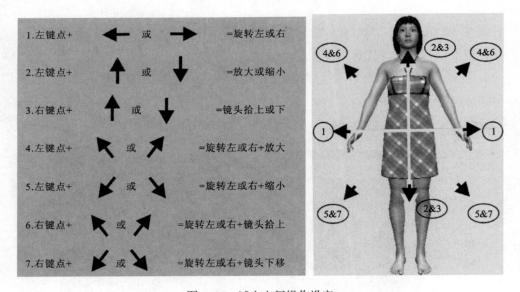

图 3-96　试衣空间操作设定

3. 从衣橱中开启档案

（1）用鼠标点击"衣橱"快捷功能图标（图3-97）。

（2）选择"Overall/Dress"（连衣裙）。

（3）选择要开启的服装照片，用鼠标点击右键，选择"编辑"，开启档案。

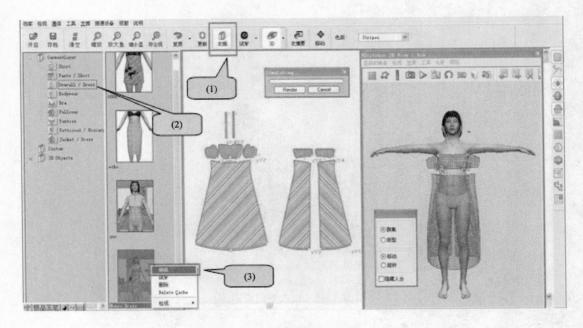

图 3-97　从衣橱中开启档案

4. 调整 3D 立体点

（1）按【Ctrl】键出现 3D 立体点。

（2）用鼠标点击【3D 立体点】，出现【试穿方向】对话框，进行数字调整，也可以直接移动鼠标调整（图 3-98）。

（3）在"隐藏人台"前打"√"，隐藏人台，找到被压住的 3D 立体点（图 3-99）。

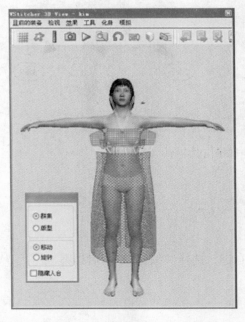

图 3-98　移动鼠标调整 3D 立体点

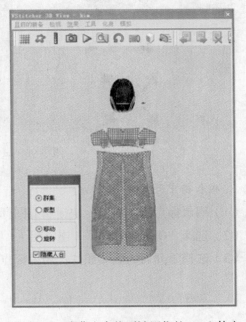

图 3-99　隐藏人台找到被压住的 3D 立体点

5. **产生 Flash 动画档案**

（1）用鼠标点击【目前的准备】→【输出 3D】→【Flash 动画】，出现【创造 3D 动画模特儿】对话框。

（2）在对话框的【自行定制】中设定张数、焦距圈数及设定效果值（图 3-100）。

（3）在【浏览】中设定文件夹名称。

（4）用鼠标点击【完成】，生成 Flash 动画档案（图 3-101）。

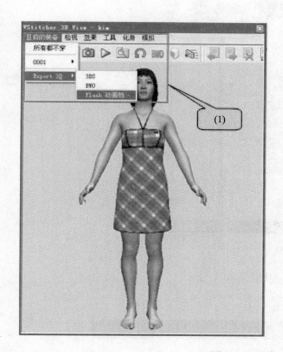
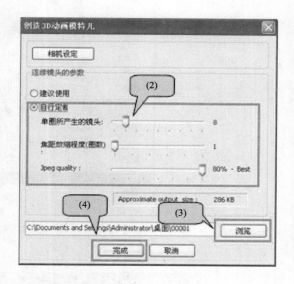

图 3-100　产生 Flash 动画档案

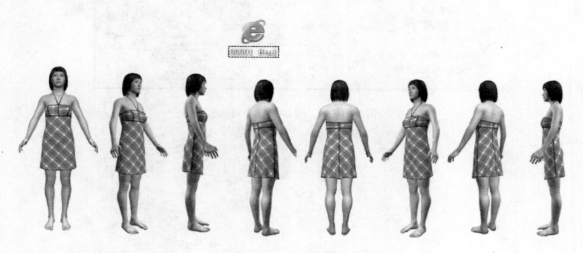

图 3-101　Flash 动画档案

6. 列印档案二维样板

（1）用鼠标点击【档案】→【列印】→【列印到档案】，出现对话框（图3-102）。

（2）在对话框中设定需要的选项（图3-103）。

（3）在【浏览】中设定保存的路径和文件夹。

（4）用鼠标点击生成二维样板的 JPG 图片（图3-104）。

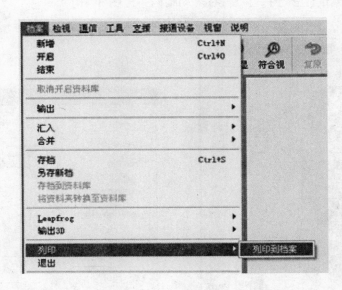

图3-102　列印功能菜单

图3-103　【列印到档案】对话框

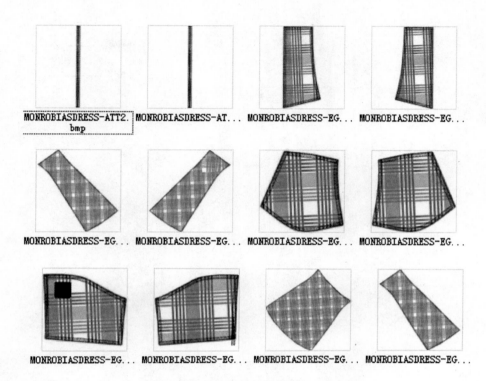

图 3-104　生成二维样板的 JPG 图片

7. 二维服装 CAD 样板工作区背景加格

（1）用鼠标点击【检视】菜单→【背景加格设定】，出现对话框（图 3-105）。

（2）在对话框中设定格子的大小后，点击【更新】（图 3-106）。

（3）二维服装样板工作区背景出现加格效果（图 3-107）。

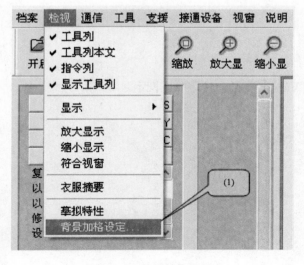

图 3-105 【检视】菜单

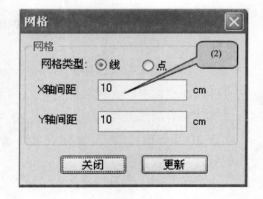

图 3-106 【网格】对话框

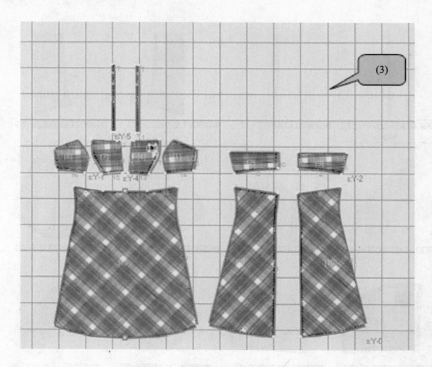

图 3-107　二维服装 CAD 样板加格效果

8.软件系统常规模式设定

（1）用鼠标点击【工具】→【设定】，出现对话框（图 3-108、图 3-109）。

（2）在对话框中设定：

① "系统单位"。

② "语言"。

③ "背景颜色"。

④ "止口颜色"。

⑤ "2D 反锯齿"。

⑥ "布料测试工具"。

（3）用鼠标选择【3D View】，出现 3D View【设定】对话框，设定：

① "显示内衣裤"。

② "自动载入与衣服相关的人台"。

③ "在模拟中的表现网格"。

④ "穿着层次处理"。

⑤ 3D 工作窗口设定 "永远在上"。

⑥ "使用衣服的环境"。

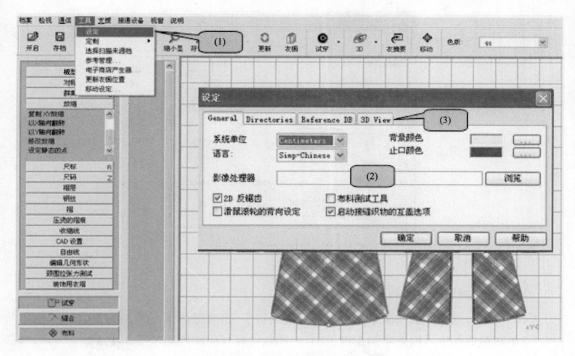

图 3-108　软件系统常规模式设定

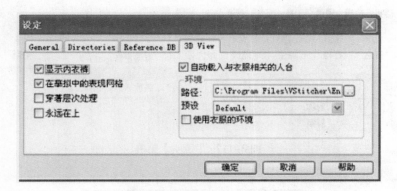

图 3-109　【设定】对话框

9. 保存可编辑 VSP 文档

（1）用鼠标点击【支援】菜单→【打包】，出现对话框（图 3-110、图 3-111）。

（2）在对话框中"参考管理"和"人台"设定前打"√"。

（3）用鼠标点击【完成】，生成可编辑 VSP 文档。

图 3-110　【支援】菜单

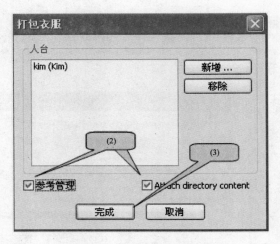

图 3-111 "打包衣服"对话框

10. 查看软件授权许可证加密锁 ID

（1）用鼠标点击【说明】菜单→【许可证资料】，出现对话框（图 3-112）。

（2）在对话框中可以查看加密锁 ID 号码和软件授权使用性质（图 3-113）。

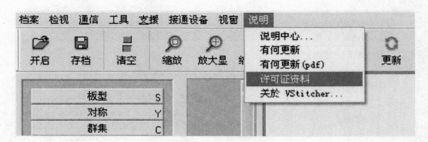

图 3-112 【说明】菜单

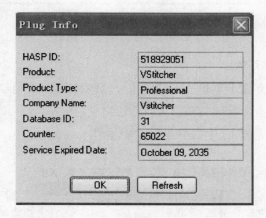

图 3-113 密锁 ID 号码和软件授权使用性质

11. 设定集群

在制作三维衣服过程中，要把二维服装样板以群集的方式设定在三维模特身体的不同方位，编辑群集时出现对话框，根据二维服装样板的实际位置设定群集的性质（图 3-114），其内容如下。

（1）帽子：Hood。

（2）前面：Front（图 3-115）。

（3）后面：Back（图 3-116）。

（4）左边：Left（图 3-117）。

（5）右边：Right（图 3-118）。

（6）领子：Collar（图 3-119）。

（7）吊带：Straps（图 3-120）。

（8）腰带：Belt（图 3-121）。

（9）裤裆：Gusset（图 3-122）。

（10）天鹅裙：Paralle to floor（图 3-123）。

（11）前后：Front/Back（图 3-124）。

（12）左右：Sleeve Shrug（图 3-125）。

（13）半包围：Scarf（图 3-126）。

（14）内裤：Thong（图 3-127）。

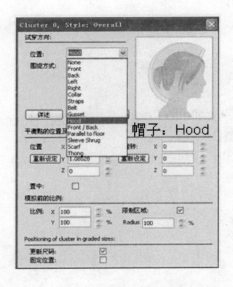

图 3-114 设定群集的性质对话框

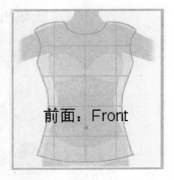

图 3-115 前面

图 3-116　后面

图 3-117　左边

图 3-118　右边

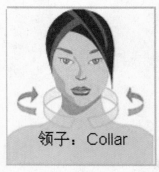

图 3-119　领子

图 3-120　吊带

图 3-121　腰带

图 3-122　裤裆

图 3-123　天鹅裙

图 3-124　前后

图 3-125　左右

图 3-126　半包围

图 3-127　内裤

12. 汇入已存服装档案中用的布料

（1）用鼠标点击【布料】→【汇入织物】，出现对话框，选"我的衣服"（图 3-128）。

（2）再点击【下一个】，出现对话框，选择衣服的色版（图 3-129）。

（3）再点击【下一个】，出现对话框，选择布料影像后点击【完成】，即将所选择的衣服布料汇入当前档案（图 3-130）。

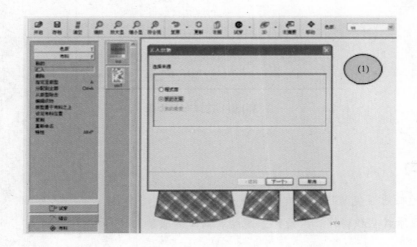

图 3-128　在【汇入织物】对话框中选"我的衣服"

图 3-129　选择衣服的色版

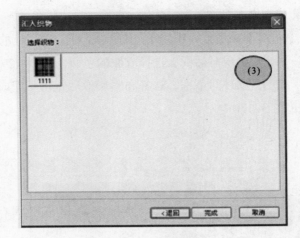

图 3-130　选择布料影像

思考与练习

1. 简述微思服装 VSD 系统有哪些特点。

2. 运用服装 VSD 软件二维设计系统绘制简单的服装二维样板。

可视缝合设计技术快速入门

课题名称：可视缝合设计技术快速入门

课题内容：女式衬衫

连衣裙

课题时间：6课时

训练目的：使学生掌握可视缝合设计技术设计步骤的操作方法。

教学方式：多媒体

教学要求：1. 使学生熟练掌握在服装VSD系统进行二维服装样板设计。

2. 使学生熟练掌握女式衬衫可视缝合设计步骤的操作方法。

3. 使学生熟练掌握连衣裙可视缝合设计步骤的操作方法。

第四章　可视缝合设计技术快速入门

　　微思服装 VSD 软件分为二维和三维两个工作区，二维工作区是进行创造和修改二维样板的，三维工作区是进行三维仿真模拟试衣的。所有不同品牌的服装 CAD 软件制作出的二维样板，只要是不加缝份量且转为 DXF 格式文档的，都可以在微思服装 VSD 软件直接进行三维仿真模拟试衣。

　　本章将从两个方面实例讲解三维模拟试衣的操作过程。一是在微思服装 VSD 软件直接创造二维女式衬衫样板，然后直接进行三维仿真模拟试衣；二是通过其他服装 CAD 软件，绘制好二维样板，不加缝份量转化为 DXF 格式文档，然后汇入微思服装 VSD 软件三维工作区，进行三维仿真模拟试衣。只要掌握女式衬衫和连衣裙三维试衣操作方法和规律，就可以举一反三地掌握其他款式的三维仿真模拟试衣操作步骤和方法。

第一节　女式衬衫

一、女式衬衫款式效果图

　　女式衬衫款式效果见图 4-1。

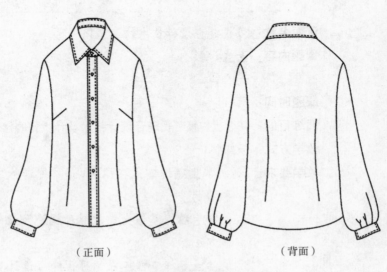

（正面）　　　　　　　　　　　（背面）

图 4-1　女式衬衫款式效果图

二、女式衬衫规格尺寸表

女式衬衫规格尺寸见下表。

女衬衫规格尺寸表   单位：cm

部位 ＼ 号型	155/64A	160/68A	165/72A	170/76A	档差
衣长	54	56	58	60	2
肩宽	37.5	38.5	39.5	40.5	1
领围	35	36	37	38	1
胸围	88	92	96	100	4
腰围	72	76	80	84	4
摆围	91	95	99	103	4
袖长	54.5	56	57.5	59	1.5
袖肥	30.4	32	33.6	35.2	1.6
袖口围	17	18	19	20	1

三、创造二维服装样板

1. 编辑衣服摘要

双击计算机桌面 vstitcher 图标→【档案】菜单→【新增】→【分类】信息编辑（图 4-2、图 4-3）。

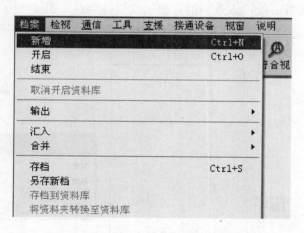

图 4-2　档案菜单

图 4-3 【分类】对话框

2. 创造前片样板

（1）选择【试穿功能中心】→【板型】→【创造参数】菜单（图 4-4）。

（2）创造前片矩形，宽度 23.5cm（计算方法：胸围$\frac{92}{4}$+0.5cm）、高度 56cm（图 4-5）。

（3）选择【缝合功能中心】→【角】→【插入点】菜单（图 4-6）。

（4）选择【插入点】功能，设置前片外部控制点。

①顺时针方向 7.5cm 处插入点→前片直开领端点（图 4-7）。

②逆时针方向 7cm 处插入点→前片横开领端点（图 4-8）。

③逆时针方向 11.4cm 处插入点→前片肩端点（图 4-9）。

④逆时针方向 21.3cm 处插入点→前片胸围线端点（图 4-10）。

⑤逆时针方向 18.7cm 处插入点→前片腰围线侧缝端点（图 4-11）。

⑥前片外部控制点插入完成（图 4-12）。

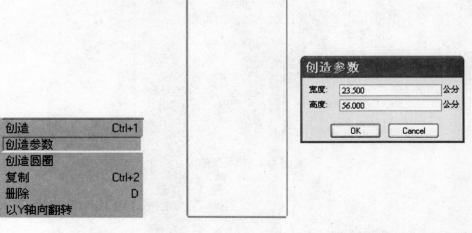

图 4-4 【创造参数】菜单　　　　　　　　　　　图 4-5　创造前片矩形

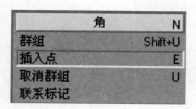

图 4-6　【插入点】菜单

图 4-7　插入前片直开领端点

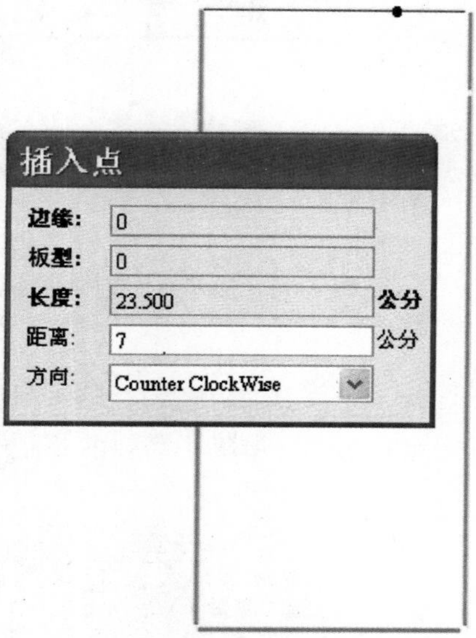

图 4-8　插入前片横开领端点

图 4-9　插入前片肩端点

图 4-10　插入前片胸围线端点

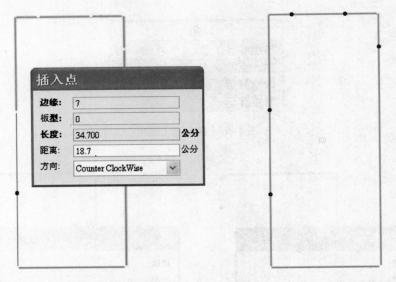

图 4-11　插入前片摆围线端点　　　　　图 4-12　前片外部控制点完成图

（5）选择【试穿功能中心】→【CAD 设置】→【移除点：点】（图 4-13、图 4-14）。
选择【移除点】功能，删除不需要的控制端点（图 4-15、图 4-16）。

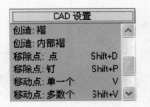

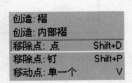

图 4-13　【CAD 设置】菜单　　　　　图 4-14　【移除点：点】功能菜单

图 4-15　删除点 1　　　　　　　图 4-16　删除点 2

（6）选择【试穿功能中心】→【CAD 设置】→【移动点：单一个】（图 4–17）。

利用【移动点：单一个】工具，输入要移动数值，即可进行移动调整。

①选择【移动点：单一个】功能，将前片肩端点纵向偏移 4.3cm（图 4–18）。

②选择【移动点：单一个】功能，将前片腰围线端点横向偏移 1.6cm（图 4–19）。

③选择【移动点：单一个】功能，将前片摆围线端点纵向偏移 –1.5cm，横向偏移 –0.5cm（图 4–20）。

（7）选择【试穿功能中心】→【CAD 设置】→【创造点：曲线】（图 4–21）。

（8）选择【移动点：单一个】功能，调顺领弧线、袖窿弧线、侧缝线（图 4–22）。

（9）完成前片样板（图 4–23）。

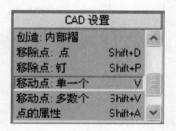

图 4-17 【移动点：单一个】功能菜单

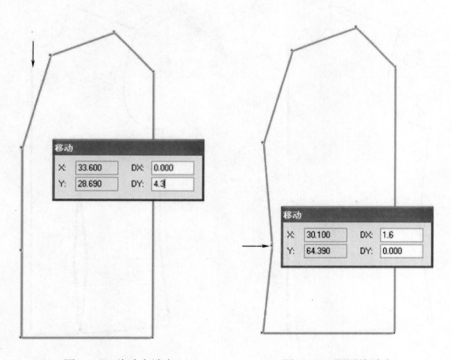

图 4-18 移动肩端点　　　　　　　　图 4-19 腰围线端点

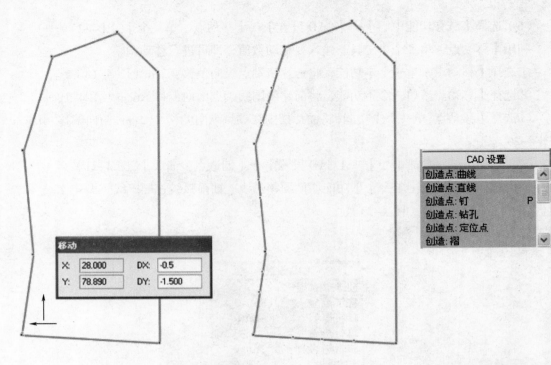

图 4-20　摆围线端点　　　　　　　　　图 4-21　创造点曲线

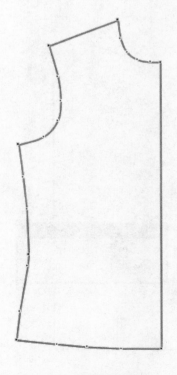

图 4-22　调顺相关曲线

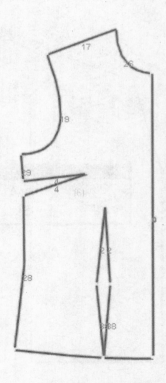

图 4-23　前片样板

3. 创造后片样板

（1）选择【试穿功能中心】→【板型】→【创造参数】功能菜单。

（2）创造后片矩形，宽度 23cm（计算方法：胸围 $\frac{92}{4}$）、高度 55cm（注：后片比前片短 1cm）。

（3）选择【缝合功能中心】→【角】→【插入点】功能菜单。

（4）选择【插入点】功能，设置后片外部控制点。

①逆时针方向 2.3cm 处插入点→后片直开领端点（图 4-24）。

②顺时针方向 7.2cm 处插入点→后片横开领端点（图 4-25）。

③顺时针方向 12.5cm 处插入点→后片肩端点（图 4-26）。

④顺时针方向 23.8cm 处插入点→后片胸围线端点（图 4-27）。

⑤顺时针方向 16.2cm 处插入点→后片腰围线侧缝端点（图 4-28）。

⑥前片外部控制点插入完成（图 4-29）。

（5）选择【试穿功能中心】→【CAD 设置】→【移除点】。选择【移除点】功能，删除不需要的控制端点（图 4-30、图 4-31）。

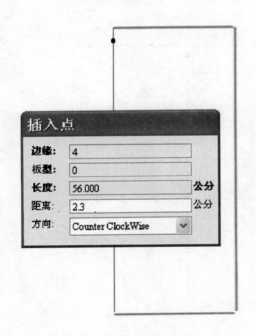

图 4-24 插入后片直开领端点

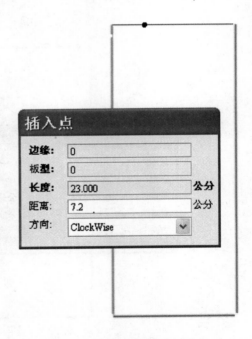

图 4-25 插入后片横开领端点

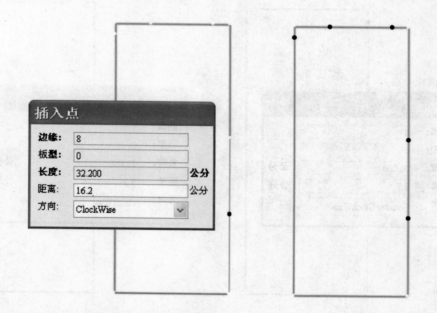

插入点

边缘:	0	
板型:	0	
长度:	15.800	公分
距离:	12.5	公分
方向:	ClockWise	

图 4-26　插入后片肩端点

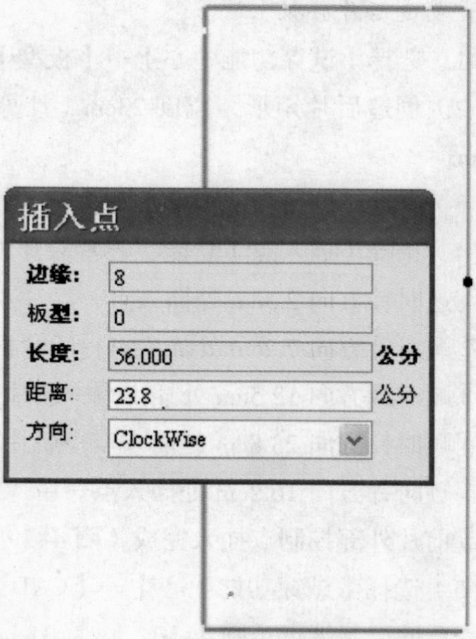

插入点

边缘:	8	
板型:	0	
长度:	56.000	公分
距离:	23.8	公分
方向:	ClockWise	

图 4-27　插入后片胸围线端点

插入点

边缘:	8	
板型:	0	
长度:	32.200	公分
距离:	16.2	公分
方向:	ClockWise	

图 4-28　插入后片腰围线端点

图 4-29　后片外部控制点完成图

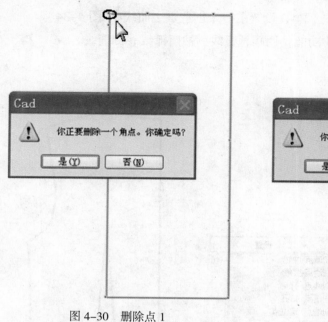

图 4-30　删除点 1

图 4-31　删除点 2

（6）选择【试穿功能中心】→【CAD 设置】→【移动点：单一个】。

利用【移动点：单一个】工具，输入要移动数值，即可进行移动调整。

①选择【移动点：单一个】功能，将后片肩端点纵向偏移 3.8cm（图 4-32）。

②选择【移动点：单一个】功能，将后片腰围线端点横向偏移 –1.6cm（图 4-33）。

③选择【移动点：单一个】功能，将后片摆围线端点纵向偏移 –0.5cm，横向偏移 0.5cm。

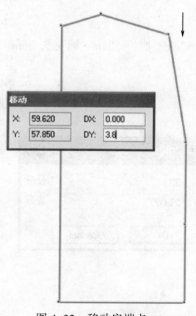

图 4-32　移动肩端点

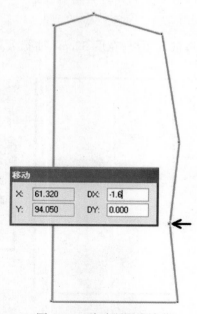

图 4-33　移动腰围线端点

（7）选择【试穿功能中心】→【CAD设置】→【创造点：曲线】（图4-34）。

（8）选择【移动点：单一个】功能，调顺领弧线、袖窿弧线、侧缝线。

（9）完成后片样板（图4-35）。

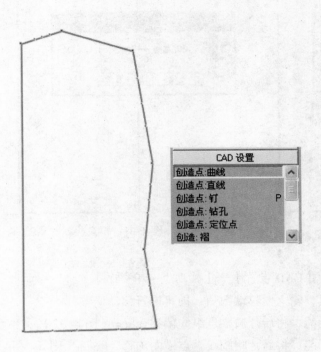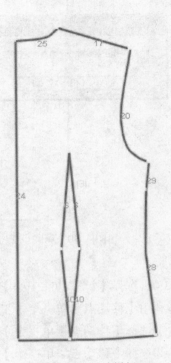

图4-34　创造点：曲线　　　　　　　　图4-35　后片样板

4. 袖子

（1）创造袖片矩形，宽度32cm（袖肥）、高度52cm（袖长56cm-袖克夫4cm）（图4-36）。

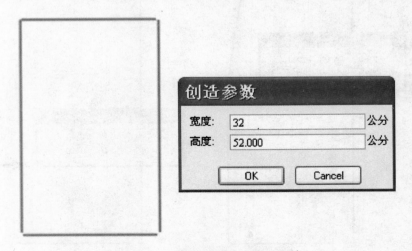

图4-36　袖片矩形

（2）选择【缝合功能中心】→【角】→【插入点】功能菜单。

①顺时针方向 15cm 处插入点→袖山顶点（图 4-37）。

②逆时针方向 15.5cm 处插入点→袖肥左端点（图 4-38）。

③顺时针方向 15.5cm 处插入点→袖肥右端点（图 4-39）。

（3）选择【试穿功能中心】→【CAD 设置】→【移除点】。选择【移除点】功能，删除不需要的控制端点（图 4-40）。

图 4-37　插入袖山顶点

图 4-38　插入袖肥左端点

图 4-39　插入袖肥右端点

图 4-40　删除点

（4）选择【试穿功能中心】→【CAD设置】→【移动点：单一个】。

①选择【移动点：单一个】功能，将袖口左端点横向偏移3.5cm（图4-41）。

②选择【移动点：单一个】功能，将袖口右端点横向偏移 –3.5cm，纵向偏移0.5cm（图4-42）。

（5）选择【试穿功能中心】→【CAD设置】→【创造点：曲线】（图4-43）。

（6）选择【移动点：单一个】功能，调顺袖山弧线、袖侧缝线（图4-44）。

（7）完成袖子样板（图4-45）。

5. 袖克夫

创造袖克夫矩形，高度8cm、宽度20.5cm（图4-46）。

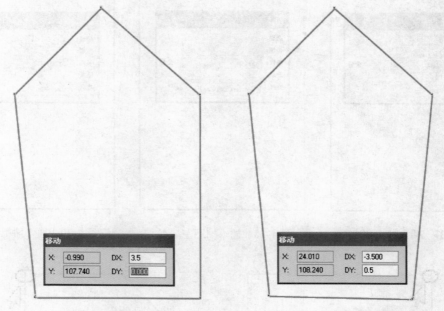

图4-41　移动袖口左端点　　　　　图4-42　移动袖口右端点

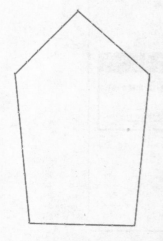 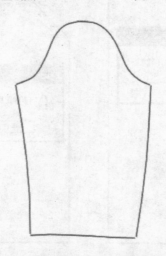 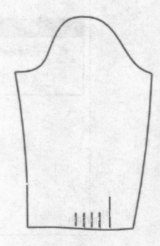

图4-43　创造点曲线　　　图4-44　调顺袖山弧线和袖侧缝线　　　图4-45　袖子样板

图 4-46　袖克夫样板

6. 领子

（1）选择【试穿功能中心】→【尺标】→【边缘长度】工具，测量出前片和后片领弧线长度（图 4-47）。

（2）参照前面的操作步骤和方法创造领子样板（图 4-48）。

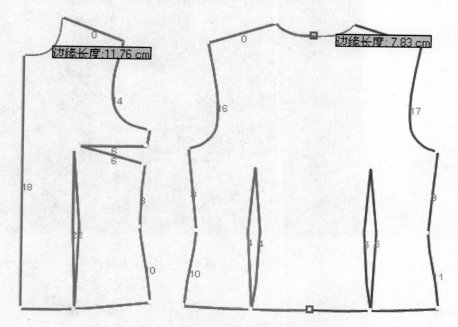

图 4-47　测量前片和后片领弧线长度

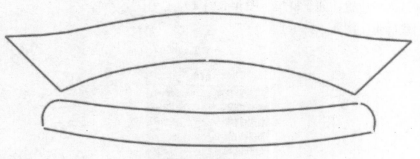

图 4-48　领子样板

四、三维仿真模拟试衣

1. 对称复制样板

选择【试穿功能中心】→【对称】（图4-49）→【以Y轴对称复制】工具，对称复制出所需要的样板（图4-50）。

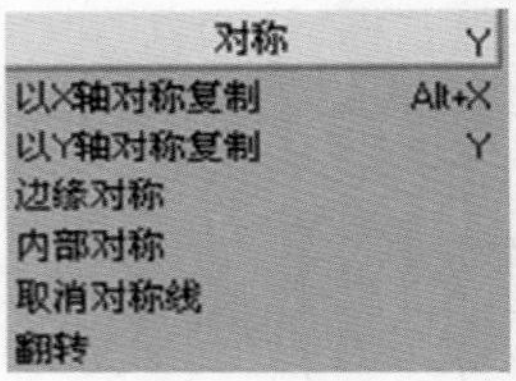

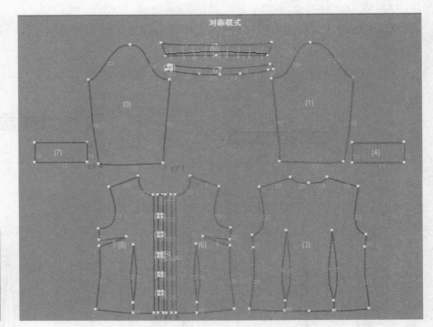

图4-49　【对称】功能菜单　　　　　　　图4-50　对称复制样板

2. 群集

（1）选择【试穿功能中心】→【群集】（图4-51）→【创造新群集】工具，创造样板的群集。

（2）调整样板位置，便于群集［图4-52（a）］。

（3）创建群集［图4-52（b）］。

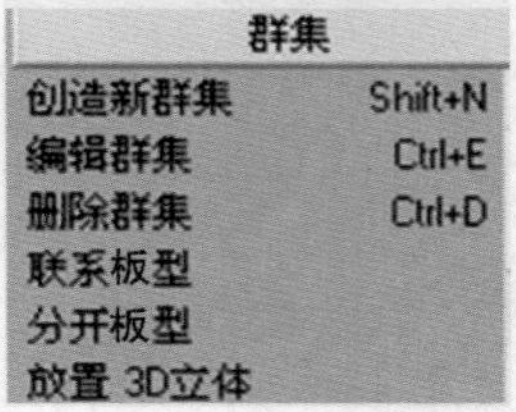

图4-51　【群集】功能菜单

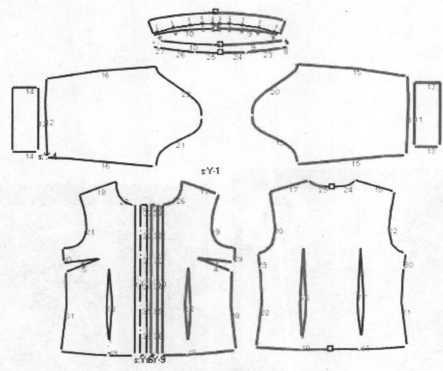

（a）调整样板位置便于群集

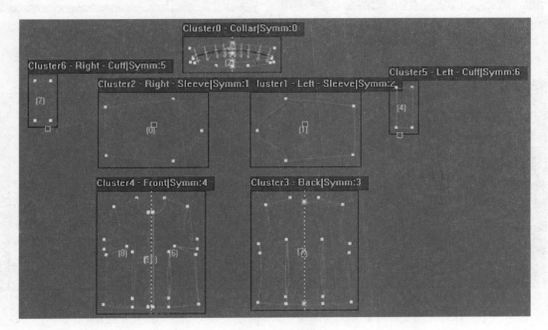

（b）创建群集

图 4-52　调整样板位置后创建群集

（4）编辑群集。

①领子（图 4-53）。

②前片（图 4-54）。
③后片（图 4-55）。
④右袖（图 4-56）。
⑤左袖（图 4-57）。
⑥右袖克夫（图 4-58）。
⑦左袖克夫（图 4-59）。

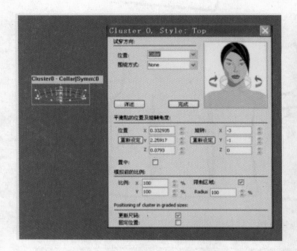

图 4-53　领子编辑群集

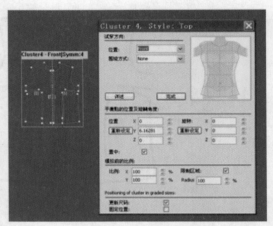

图 4-54　前片编辑群集

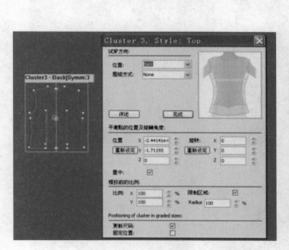

图 4-55　后片编辑群集

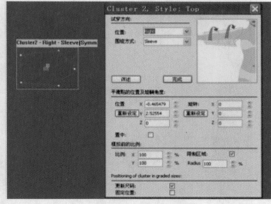

图 4-56　右袖编辑群集

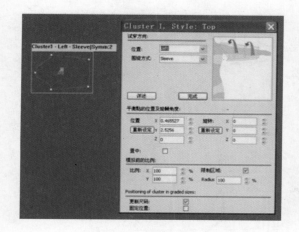 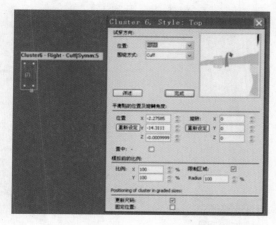

图 4-57 左袖编辑群集　　　　　　　　　　图 4-58 右袖克夫编辑群集

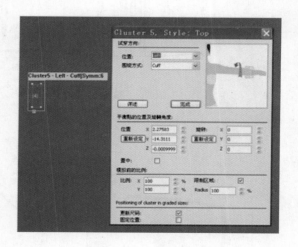

图 4-59 左袖克夫编辑群集

3. 缝合

（1）选择【缝合功能中心】→【车缝】（图 4-60）→【普通车缝】工具，将样板缝合。

（2）设置缝合线（图 4-61）。

（3）选择【缝合功能中心】→【接缝】（图 4-62）→【新的】工具，增强缝制衣服的车缝效果。

（4）设置接缝（图 4-63）。

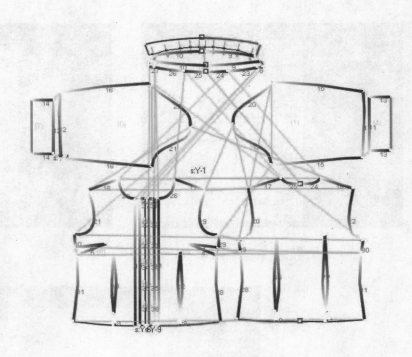

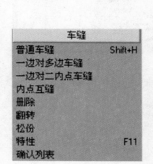

图 4-60 【车缝】功能菜单

图 4-61 设置缝合线

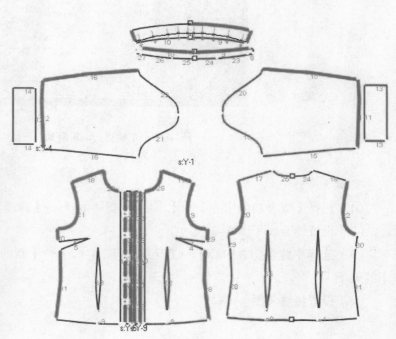

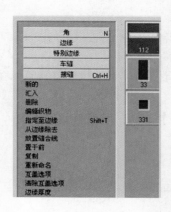

图 4-62 【接缝】功能菜单

图 4-63 设置接缝

4.布料与附件素材

（1）选择【布料功能中心】→【布料】（图4-64）→【新的】工具，增加面料。

（2）布料植入样板的效果（图4-65）。

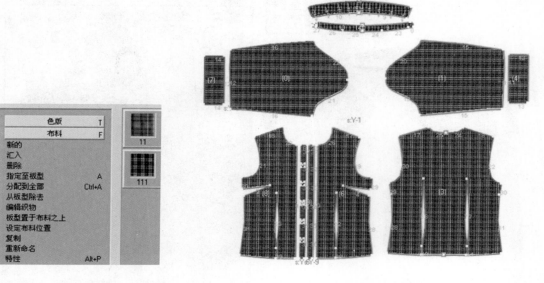

图 4-64 【布料】功能菜单

图 4-65 布料植入样板的效果

（3）选择【附件功能中心】→【附件】（图4-66）→【新的】工具，增强衣服辅料效果。

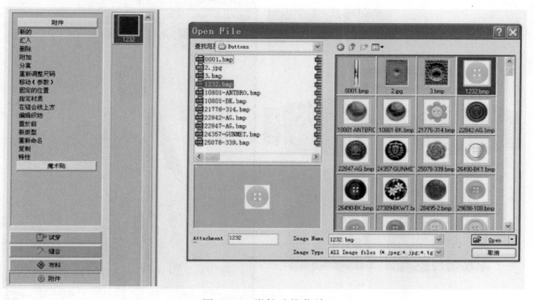

图 4-66 附件功能菜单

5. 三维仿真模拟试衣

点击【试穿】图标功能键,开始三维仿真模拟试衣(图4-67~图4-75)。

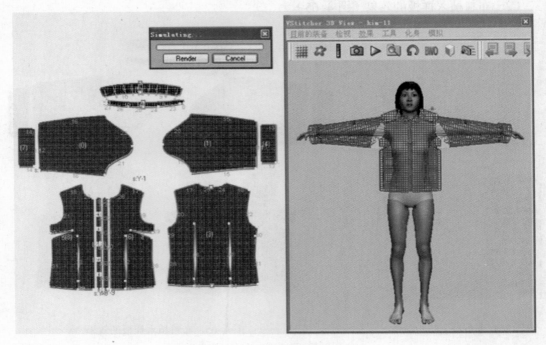

图4-67   三维仿真模拟试衣步骤1

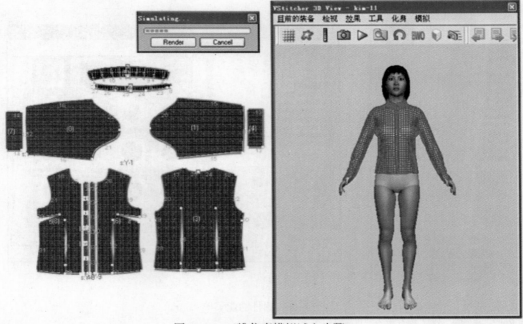

图4-68   三维仿真模拟试衣步骤2

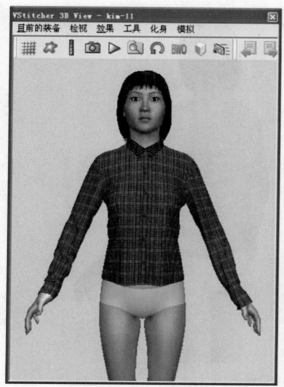

图 4-69 三维仿真模拟试衣步骤 3

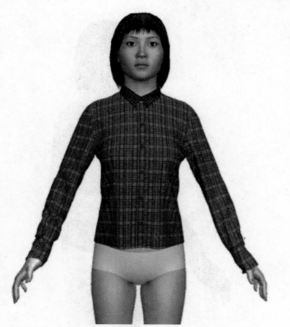

图 4-70 不同角度的试衣效果 1

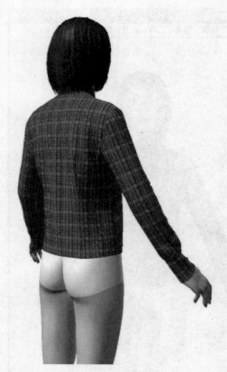

图 4-71 不同角度的试衣效果 2

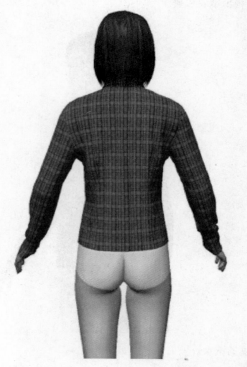

图 4-72 不同角度的试衣效果 3

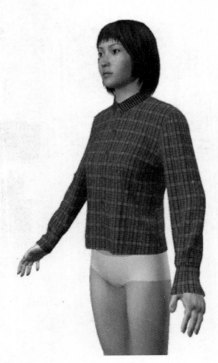

图 4-73　不同角度的试衣效果 4

图 4-74　胸部局部放大图

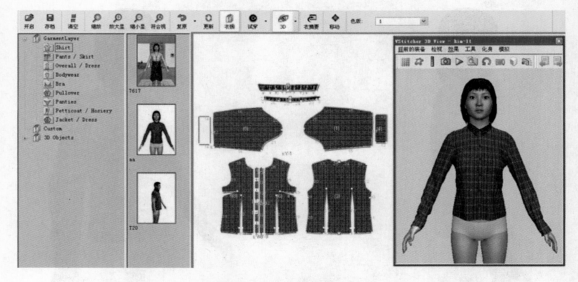

图 4-75　三维仿真试衣效果全图

第二节　连衣裙

本节所讲述的连衣裙的二维样板是用其他的服装 CAD 软件制作的，绘制好的二维样板不必加缝份量，并保存为 DXF 格式文档。将 DXF 格式文档导入微思服装 VSD 系统，看三维试身效果。国内外所有服装 CAD 软件制作出的样板均可用 DXF 格式文档导入服装 VSD 系统进行三维仿真模拟试衣。以下以连衣裙为例说明其操作步骤。

1. 汇入 DXF 样板文档

（1）【档案】→【汇入】→【DXF Exchange】，文件后缀名为 .dxf（图 4-76）。

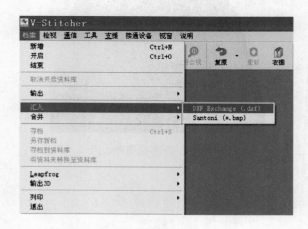

图 4-76　汇入 DXF 样板文档

（2）选择计算机保存路径，找到选定的 DXF 二维样板文件夹 (图 4–77)。

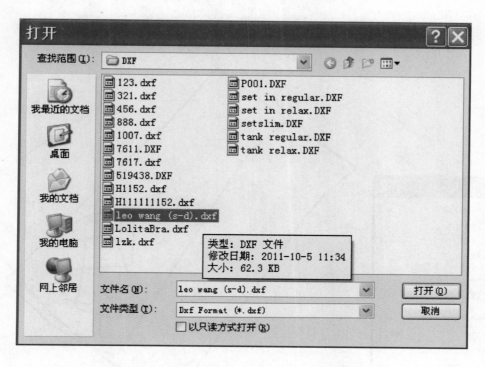

图 4–77　通过计算机保存路径找到 DXF 样板文档

（3）在出现的对话框中选择【OK】即可，无需改变任何设置 (图 4–78)。

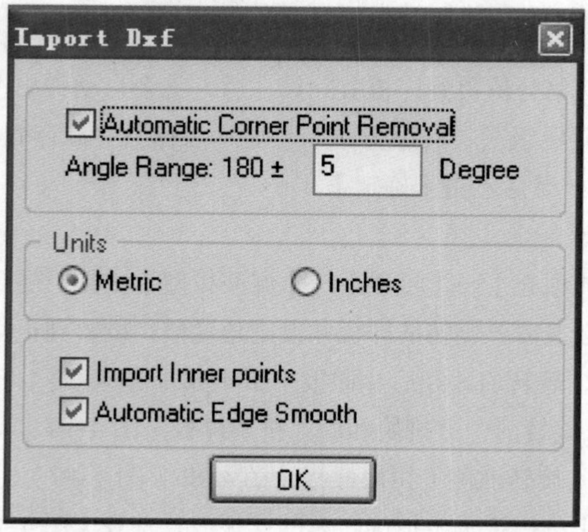

图 4–78　确认对话框

（4）根据输入进来的 DXF 样板的倍分比例选择倍分值，得到样板的实际尺寸 (图 4–79)。

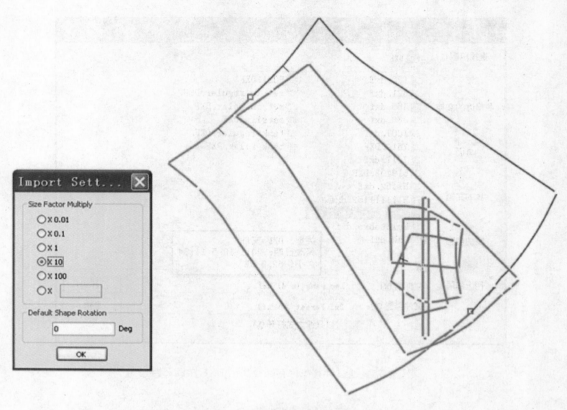

图 4–79　选择样板比例倍分值

（5）编辑分类信息 (图 4–80)。

通过选择样板比例倍分值得到样板实际尺寸后，就会自动弹出【分类】对话框，根据衣服的性质设定"衣服层级"、"衣服类型"、"显示名称"、"储存衣服编号"，并在"驳回尺码结构"前打"√"，然后点击【确定】。

2. 处理汇入的样板

（1）到【试穿功能中心】→【板型】→【展开板型】工具，展开样板（图 4–81）。

（2）旋转样板，选择需要旋转的样板并设定角度值，调整到正常制作的角度。

①设定角度 –45°，旋转前片和后片样板（图 4–82、图 4–83）。

②设定角度 90°，旋转前中上拼块和后上拼块样板（图 4–84、图 4–85）。

③设定角度 –90°，旋转前侧上拼块样板（图 4–86、图 4–87）。

（3）点击【移动】图标工具，把旋转后的样板放置整齐（图 4–88）。

（4）选择【试穿功能中心】→【对称】→【以 Y 轴对称】，复制出全部样板。

①进入对称模式（图 4–89）。

②以【Y 轴对称复制】工具对称复制全部样板（图 4–90）。

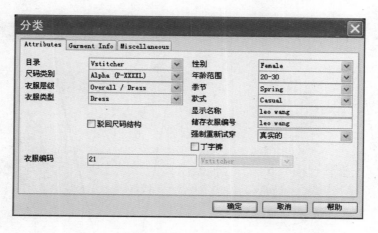

图 4-80 【分类】对话框

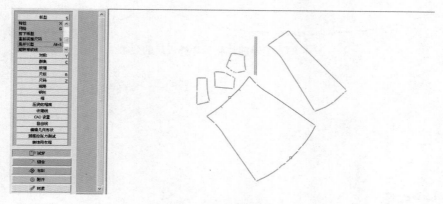

图 4-81　展开样板

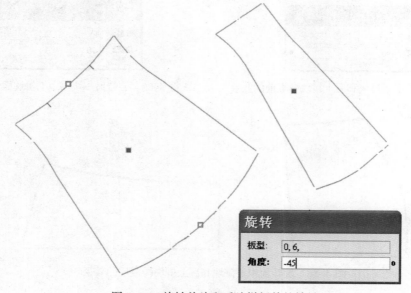

图 4-82　旋转前片和后片样板前的效果

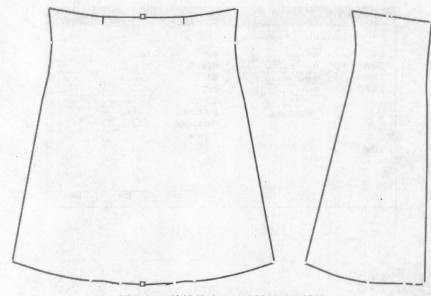

图 4-83　旋转前片和后片样板后的效果

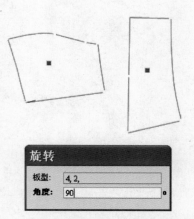

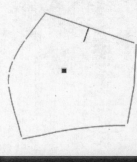

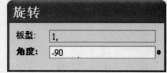

图 4-84　旋转前中上拼块和后上拼块样板前的效果　　　图 4-85　旋转另一块前中上拼块样板前的效果

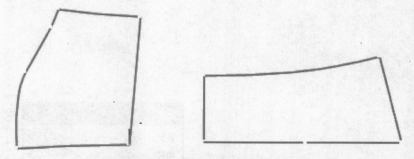

图 4-86　旋转前中上拼块和后上拼块样板后的效果

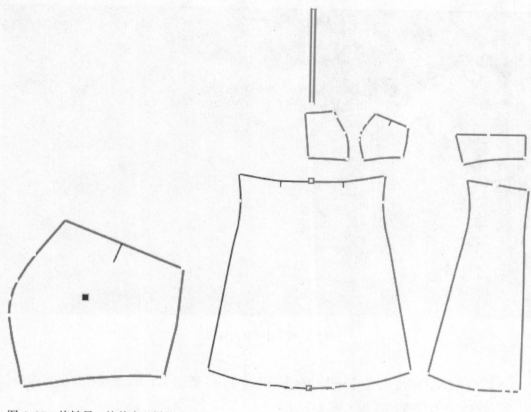

图 4-87　旋转另一块前中上拼块
　　　　　样板后的效果

图 4-88　放置好样板

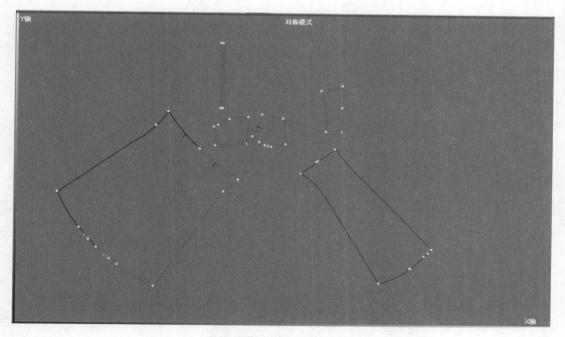

图 4-89　进入对称模式

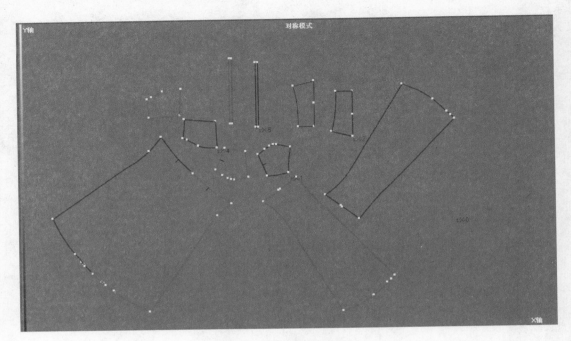

图 4-90　对称复制样板

（5）选择【试穿功能中心】→【缝合】→【角】→【群组】工具，删除样板上多除的点。

①对称出所有需要的样板（图 4-91）。

②删除样板上多余的点（图 4-92）。

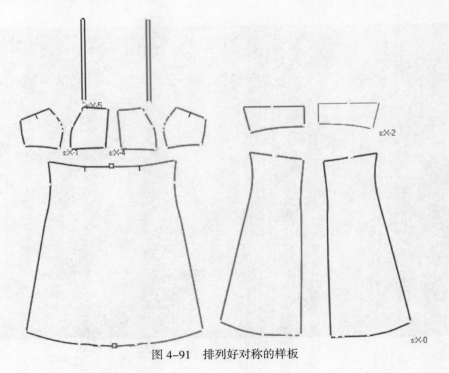

图 4-91　排列好对称的样板

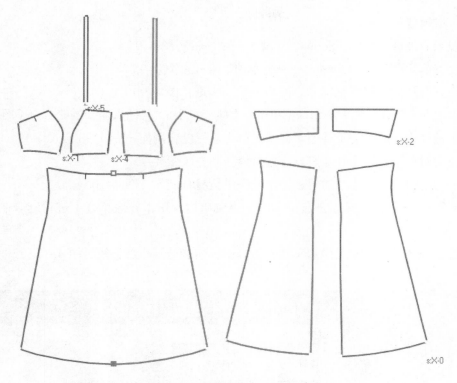

图 4-92 删除样板上多余的点

3.设定样板试穿时在人台的位置

（1）选择【群集功能中心】→【创造新群集】工具，创造样板群集（图 4-93）。

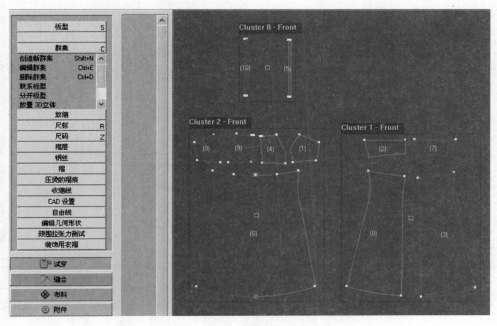

图 4-93 创造样板群集

（2）编辑群集。

①设置肩带群集位置：Straps，围绕方式：None（图 4-94）。

②设置前片群集位置：Front，围绕方式：None（图 4-95）。

③设置后片群集位置：Bank，围绕方式：None（图 4-96）。

（3）选择【缝合功能中心】→【角】→【插入点】工具，插入需要的缝合点（图 4-97）。

（4）选择【车缝】→【普通车缝】工具，进行缝合制作（图 4-98）。

①单边对单边，用【普通车缝】进行缝合制作（图 4-99）。

②一边对两边，用【一边对多边车缝】进行缝合制作（图 4-100）。

③对称的边上会出现缝合点，再用单边对单边，用【普通车缝】进行缝合制作（图 4-101）。

④缝合完成后，点击【隐藏车缝】工具图标功能键隐藏缝合线（图 4-102）。

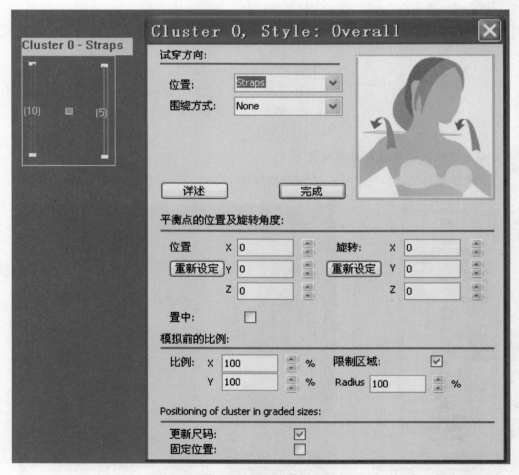

图 4-94　设置肩带群集

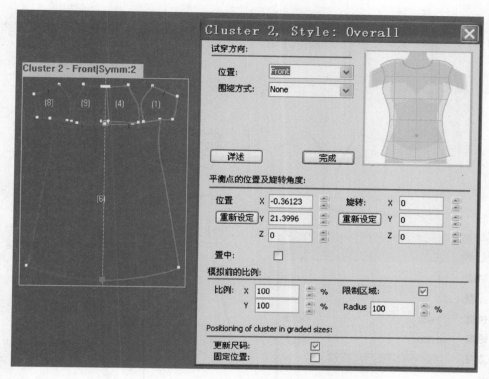

图 4-95　设置前片群集

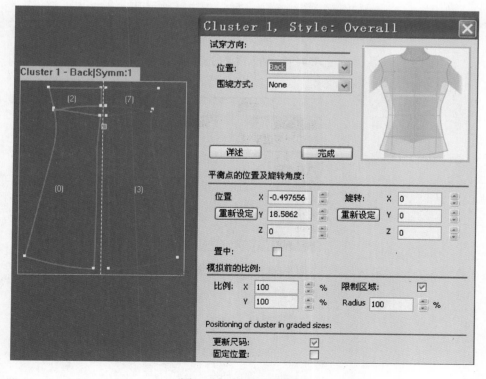

图 4-96　设置后片群集

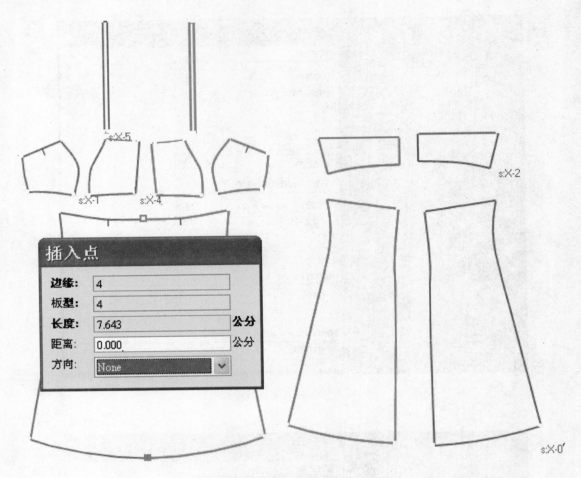

图 4-97　插入需要的缝合点

车缝	
普通车缝	Shift+H
一边对多边车缝	
一边对二内点车缝	
内点互缝	
删除	
翻转	
松份	
特性	F11
确认列表	

图 4-98　车缝功能菜单

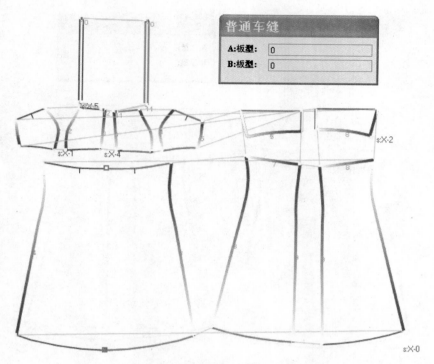

图 4-99　单边对单边的普通车缝

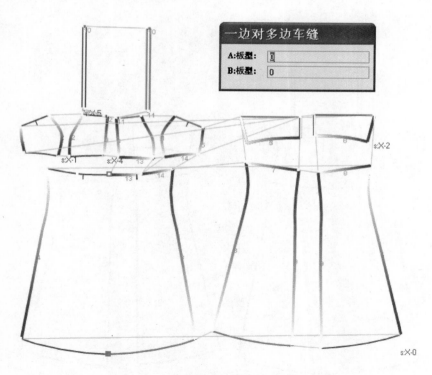

图 4-100　单边对多边的车缝

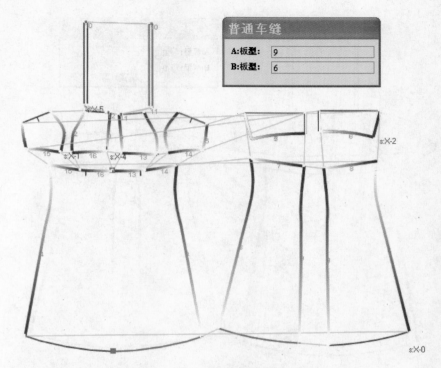

图 4-101　第二次单边对单边的普通车缝

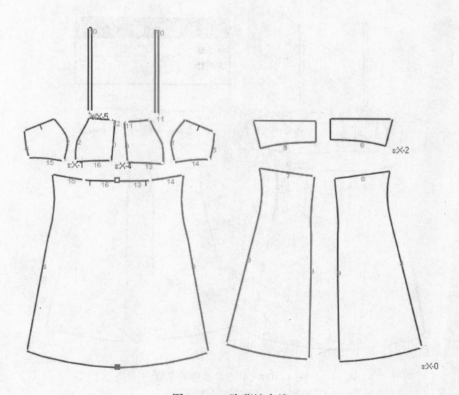

图 4-102　隐藏缝合线

4. 放置布料到样板

（1）选择【布料功能中心】→【色版】→【新的】工具，设定新的色版（图 4-103）。

①创造【新的色版】（图 4-104）。

②输入色版名称（图 4-105）。

③选择调色板（图 4-106）。

④在【颜色】中选基本色卡（图 4-107）。

⑤设置色版，点击【完成】（图 4-108）。

⑥填写色版名称（图 4-109）。

（2）选择【布料功能中心】→【布料】→【新的】工具，设定面料（图 4-110）。

①在【新增织物】中输入名称，选择布料的"种类"→"织物名称"→"组合"→"描述"，在出现的对话框中选择【是】（图 4-111）。

②最后点击【完成】（图 4-112）。

③选定布料的物理成分后，再去选定布料的花色影像，按资料寻找路径（图 4-113）。

④选择影像资料夹（图 4-114）。

⑤选择布料花色影像，最后打开 Open（图 4-115）。

⑥将选定的面料利用【布料】→【分配到全部】工具，放入样板之中（图 4-116）。

图 4-103 【色版功能】菜单

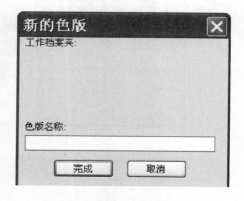

图 4-104 【新的色版】对话框

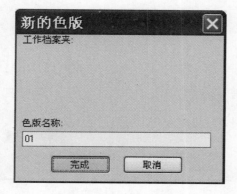

图 4-105 输入色版名称

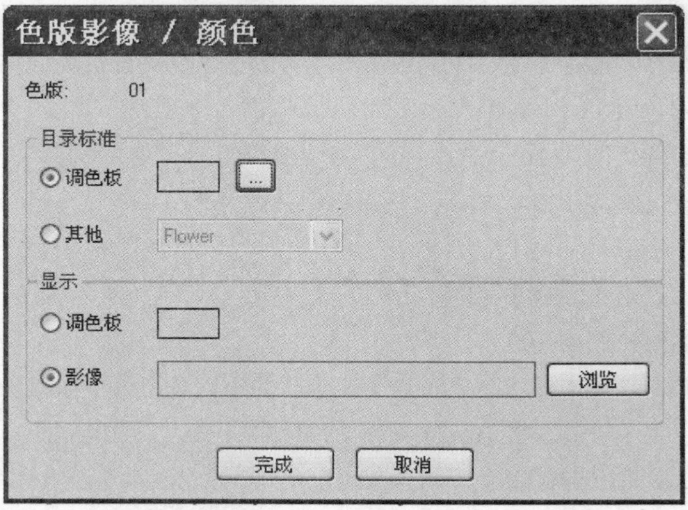

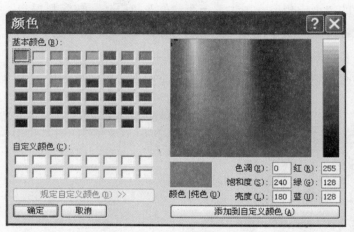

图 4-106　选择调色板

图 4-107　基本色卡

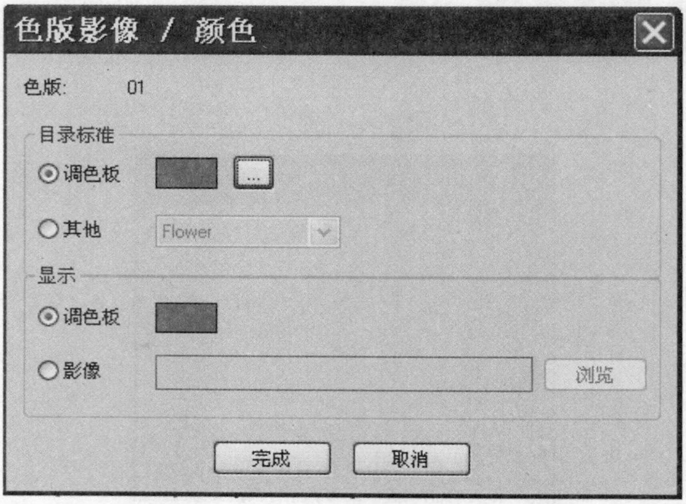

图 4-108　设置色版

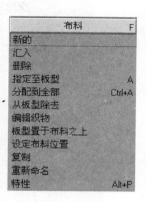

图 4-110 布料功能菜单

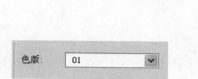

图 4-109 色版名称

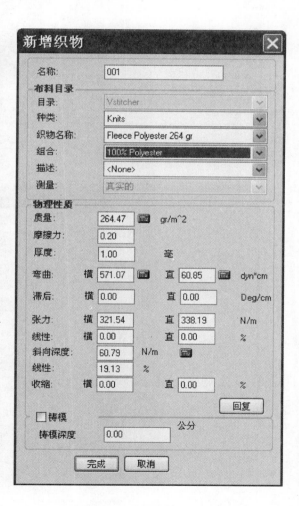

图 4-111 【新增织物】对话框 1　　　　图 4-112 【新增织物】对话框 2

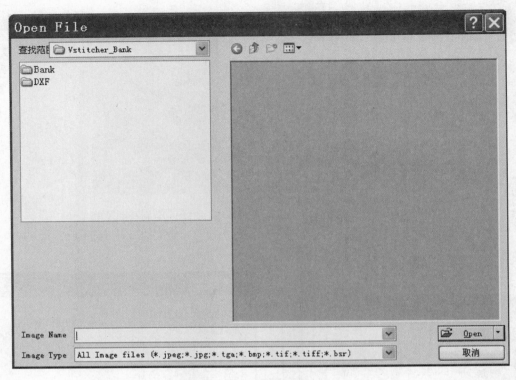

图 4-113　按资料寻找路径

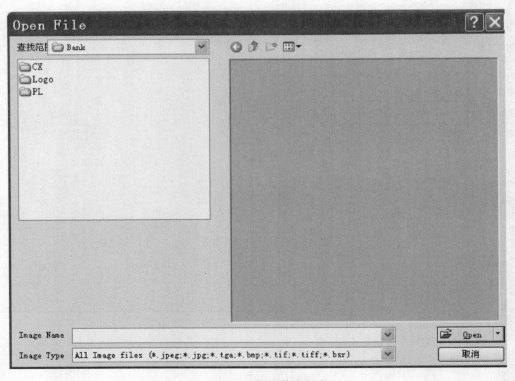

图 4-114　选择影像资料夹

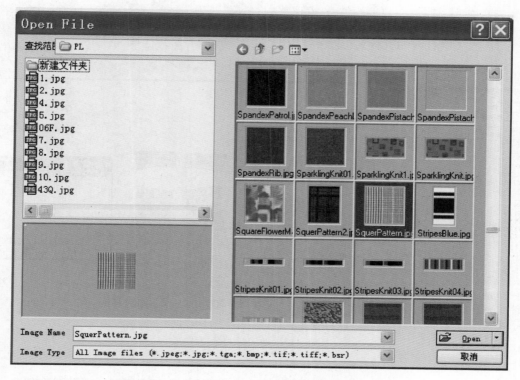

图 4-115 布料花色影像

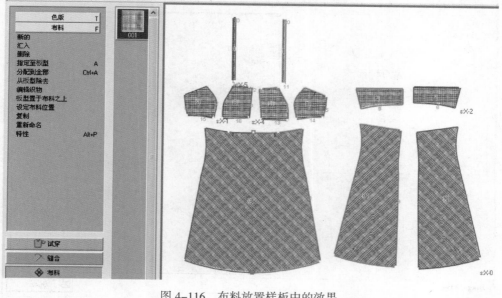

图 4-116 布料放置样板中的效果

5. 增加车线缝合效果

（1）选择【接缝织物】→【新的】工具，增加新的缝合线，设定名称，点击【完成】
（图 4-117）。

（2）按计算机设置的路径选择（图 4-118）。

（3）找到缝合线的资料夹（图 4-119），打开车线资料影像（图 4-120）。

图 4-117　增加新的缝合线

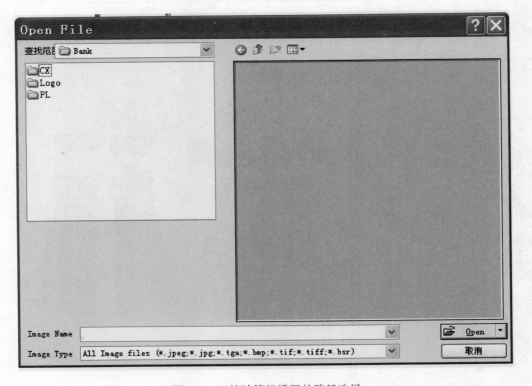

图 4-118　按计算机设置的路径选择

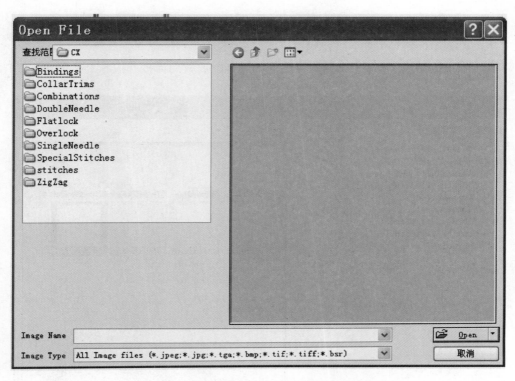

图 4-119　缝合线的资料夹

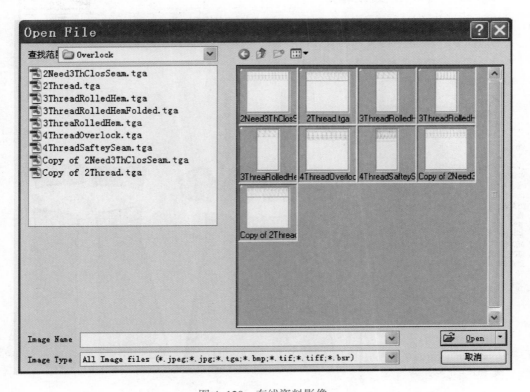

图 4-120　车线资料影像

（4）选择相应的缝合线效果（图4-121）。

（5）最后点击【Open】。

（6）利用【指定到边缘】工具，将选定的缝合线放置到样板的边缘上（图4-122）。

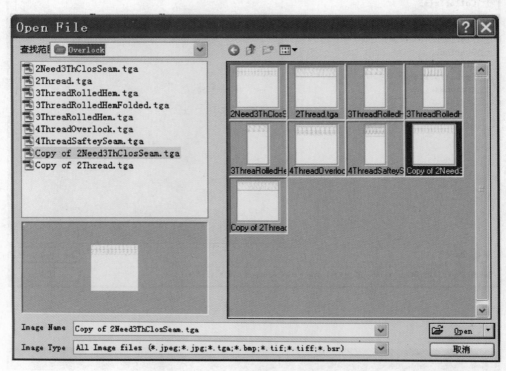

图4-121　选定车线资料影像

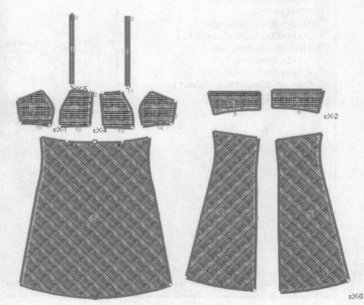

图4-122　缝合线效果

6. 增加 logo 效果

（1）选择【附件功能中心】→【附件】→【新的】工具，选择附件资料夹路径（图 4-123）。

（2）找到 logo 资料夹打开（图 4-124）。

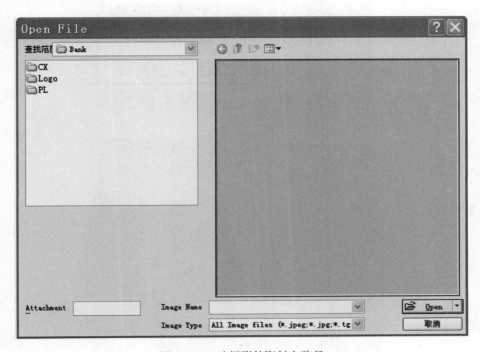

图 4-123　选择附件资料夹路径

图 4-124　logo 资料夹

（3）在出现的对话框中选择【是】（图 4–125）。

（4）将生成的 logo 样板移动到相应样板上（图 4–126）。

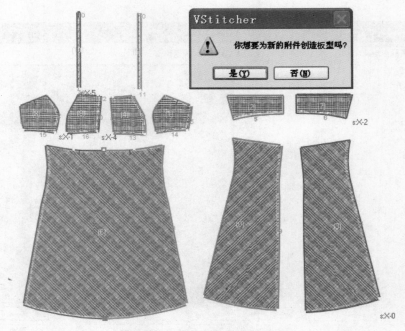

图 4–125　为新的附件创造板型

图 4–126　logo 样板移动到相应样板

（5）利用【附加】工具把 logo 样板附加到前片样板上（图 4-127）。

（6）选择选定的 logo 影像，点击【材质功能中心】→【效果】→【基本颜色】，选择一个颜色后点击【确定】（图 4-128）。

（7）logo 的颜色将同时改变（图 4-129）。

图 4-127　logo 样板附加到前片样板上

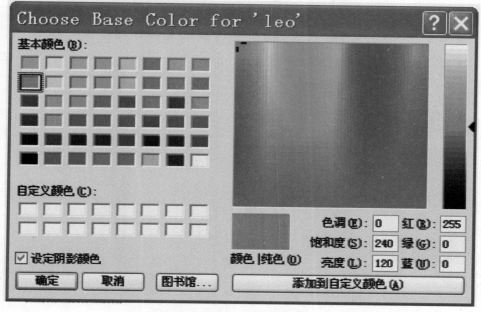

图 4-128　logo 影像颜色设置

图 4-129　logo 的颜色变为红色

7. 试穿衣服的三维效果

（1）打开软件界面中的三维工作空间，选择试穿衣服的模特（图 4-130）。

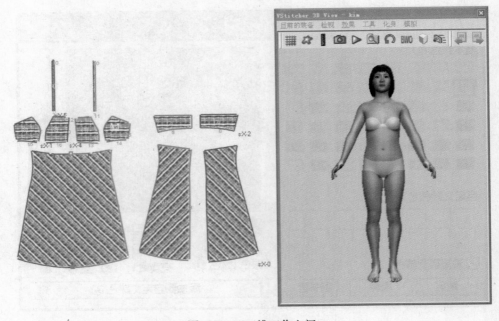

图 4-130　三维工作空间

（2）点击功能菜单中的【试穿】图标键，制作好的样板会在三维工作空间中出现在模特的不同身体部位。

（3）按住【Ctrl】键，在三维工作空间会出现样板的 3D 立体点，用鼠标调整样板的合理位置（图 4–131）。

①调整前片样板（图 4–132）。

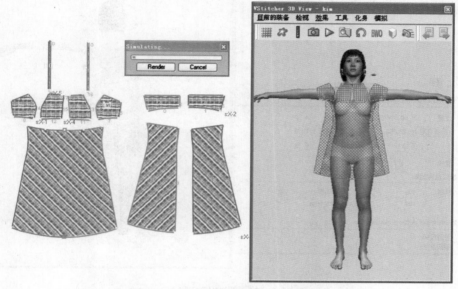

图 4–131　用鼠标调整样板的合理位置

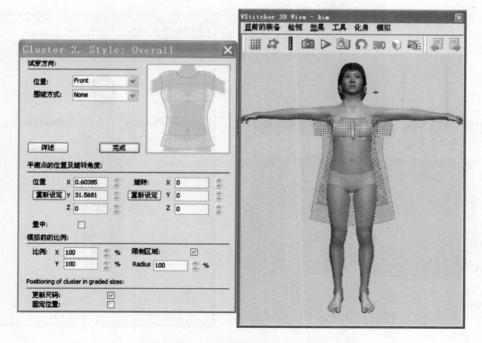

图 4–132　调整前片样板

②调整后片样板（图4–133）。

（4）调理完成后，点击三维工作空间的三角形（Simulate）键开始模拟试穿（图4–134）。

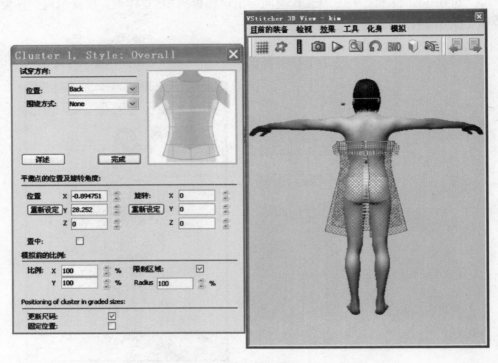

图4–133　调整后片样板

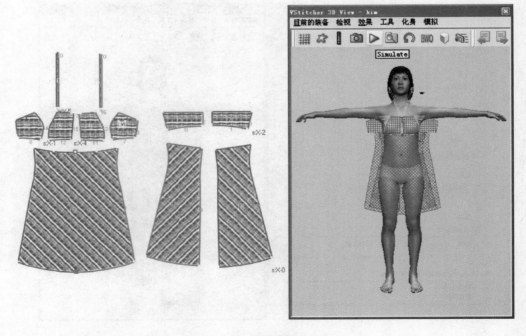

图4–134　开始模拟试穿

（5）样板就会以网格的形式数字化地模拟出衣服的三维效果（图4-135）。

（6）衣服模拟完成效果（图4-136）。

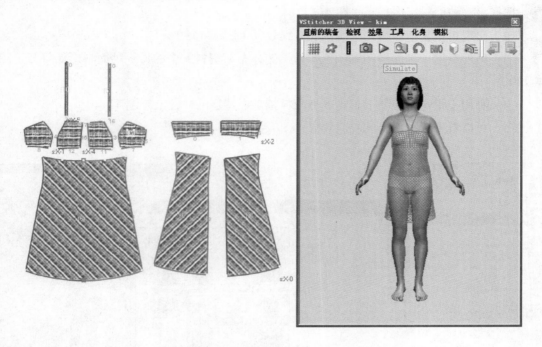

图4-135 网格数字化模拟

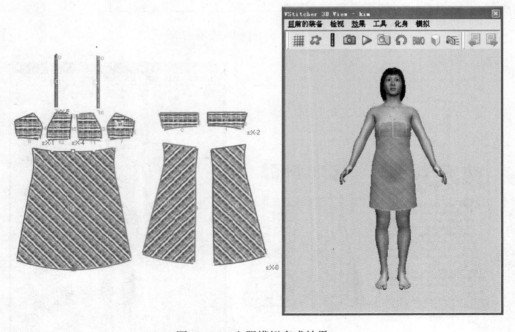

图4-136 衣服模拟完成效果

8.变换衣服的面料

（1）模拟出衣服的三维效果后，可以点击【材质】→【版面配置】→【取代影像】工具，选择另一种面料影像打开（图4-137）。

（2）出现更换其他面料图案颜色的三维效果（图4-138）。

（3）另外新增一种面料图案颜色影像，选择布料资料夹中的另一种面料影像打开（图4-139）。

（4）利用【指定至板型】工具，将面料指定在特定的样板上（图4-140）。

（5）可以看到多种面料的衣服效果（图4-141）。

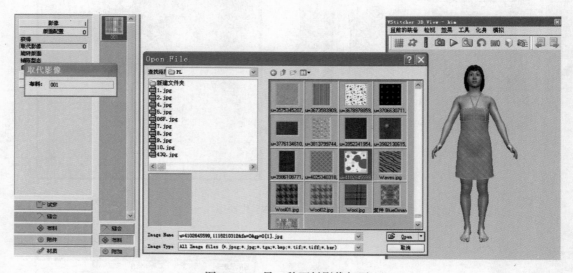

图4-137　另一种面料影像打开

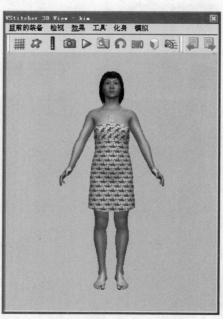

图4-138　更换其他面料图案颜色的三维效果

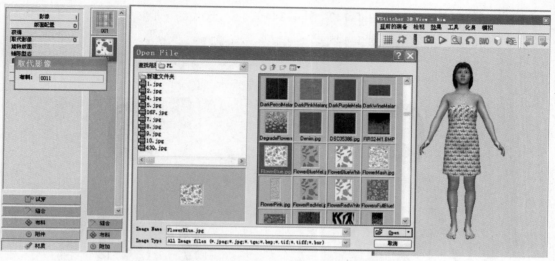

图 4–139　另外新增一种面料图案颜色影像

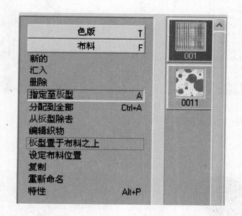

图 4–140　指定至板型功能菜单

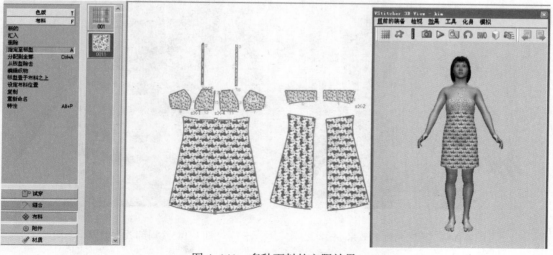

图 4–141　多种面料的衣服效果

（6）不同角度的效果（图 4-142~ 图 4-144）。

（7）局部放大的效果（图 4-145）。

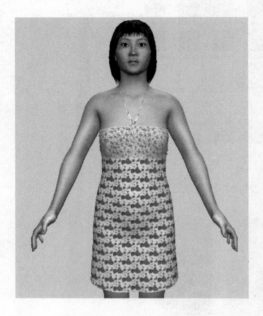

图 4-142　不同角度的效果 1

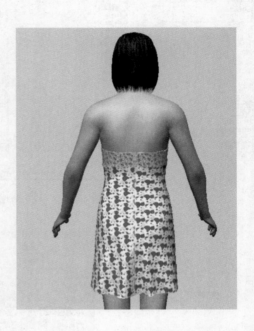

图 4-143　不同角度的效果 2

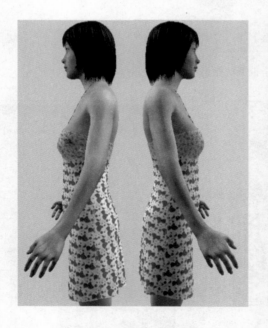

图 4-144　不同角度的效果 3

图 4-145　局部放大的效果

9.拍下衣橱照片，转到衣服数据库进行分类管理（图4-146）

（1）点击照相机图标。

（2）在"衣橱照片"前打勾。

（3）点击【完成】。

（4）点击【试穿到衣橱】。

（5）生成衣橱照片。

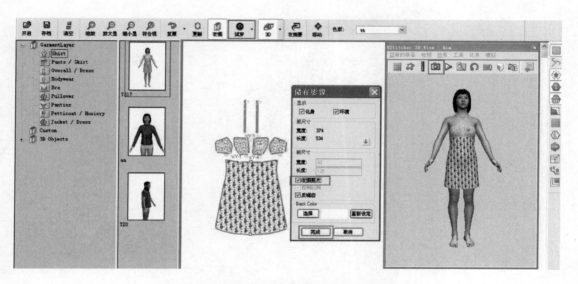

图4-146　拍下衣橱照片转到衣服数据库

思考与练习

1.结合所学的知识，运用服装VSD软件的二维系统绘制直筒裙，并在三维系统进行可视缝合设计与三维试衣。

2.结合所学的知识，运用服装VSD软件的二维系统绘制休闲裤，并在三维系统进行可视缝合设计与三维试衣。

3.结合所学的知识，将其他品牌服装CAD系统制作的二维样板，通过DXF格式导入服装VSD软件的三维系统进行可视缝合设计与三维试衣。

微思服装 VSD 系统应用实例

课题名称: 微思服装VSD系统应用实例

课题内容: 无领衬衣

     牛仔裤

     职业装

     时装

     内衣

     男裤

     男式夹克

     男式T恤

课题时间: 32课时

训练目的: 使学生熟练掌握可视缝合设计技术的设计步骤和操作方法。

教学方式: 多媒体

教学要求: 1. 使学生熟练掌握无领衬衣可视缝合设计步骤的操作方法。

    2. 使学生熟练掌握牛仔裤可视缝合设计步骤的操作方法。

    3. 使学生熟练掌握职业装可视缝合设计步骤的操作方法。

    4. 使学生熟练掌握时装可视缝合设计步骤的操作方法。

    5. 使学生熟练掌握内衣可视缝合设计步骤的操作方法。

    6. 使学生熟练掌握男裤可视缝合设计步骤的操作方法。

    7. 使学生熟练掌握男式夹克可视缝合设计步骤的操作方法。

    8. 使学生熟练掌握男式T恤可视缝合设计步骤的操作方法。

第五章 微思服装 VSD 系统应用实例

只要掌握了前面所讲的服装 VSD 软件三维仿真模拟试衣的操作方法，就可以举一反三地进行三维仿真模拟试衣的操作。本章给出了八款服装的应用实例，不再给出具体的操作步骤。

第一节 无领衬衣

本节采用微思服装 VSD 系统中的二维服装 CAD 制作出无领衬衣样板，然后通过三维试衣看效果。

1. 填写"分类"信息

用微思服装 VSD 系统制作好二维 CAD 无领衬衣样板后（图 5-1），开始填写"分类"信息（图 5-2），设置完成，点击【确定】。

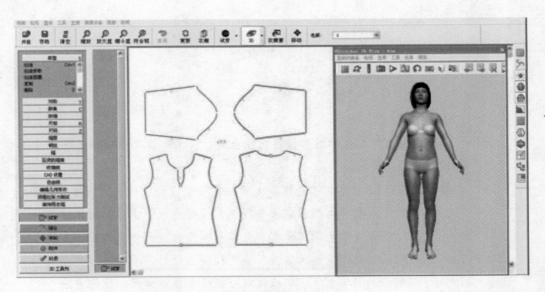

图 5-1　女衬衫样板工作区

2. 存档

（1）选择【档案】→【存档】（图5-3）。

（2）存入想要储存至的位置。

（3）衣服档案产生。

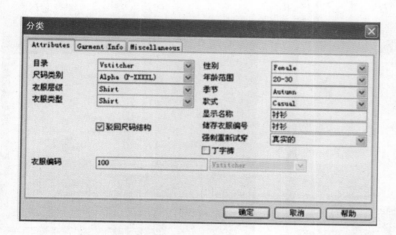

图5-2 【分类】对话框

图5-3 【存档】对话框

3. 群集

（1）创造新群集（图5-4）。

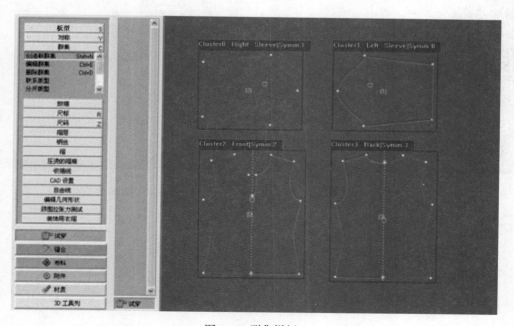

图5-4 群集样板

（2）编辑群集。

①设定前片样板群集为：左前片（图5-5）。

②设定前片样板群集为：右前片（图5-6）。

③设定左袖群集为：左袖（图5-7）。

④设定右袖群集为：右袖（图5-8）。

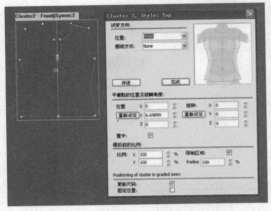
图5-5　左前片编辑群集

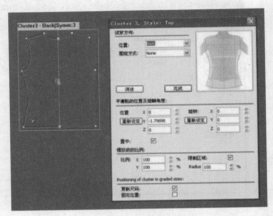
图5-6　右前片编辑群集

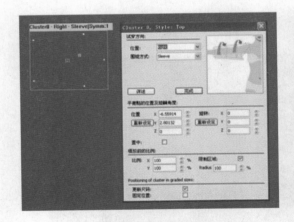
图5-7　左袖编辑群集

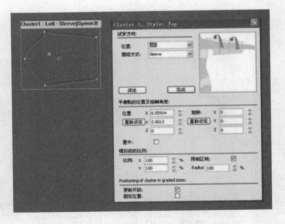
图5-8　右袖编辑群集

4. 车缝

（1）选择车缝功能，现普通车缝：单边对单边缝合（图5-9）。

（2）相对应边缝合完成，黄色的线代表缝合线（图5-10）。

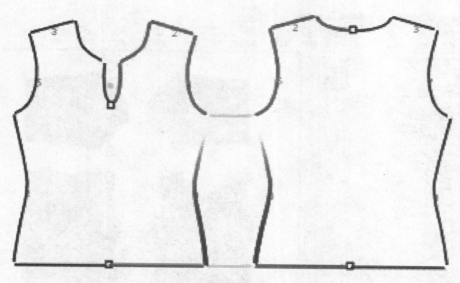

图 5-9　单边对单边缝合

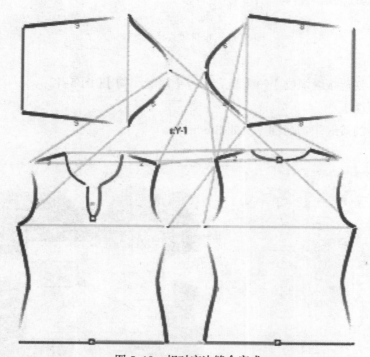

图 5-10　相对应边缝合完成

5.布料中心

（1）设置色版。

（2）设置布料。

（3）布料放置样板之中（图 5-11）。

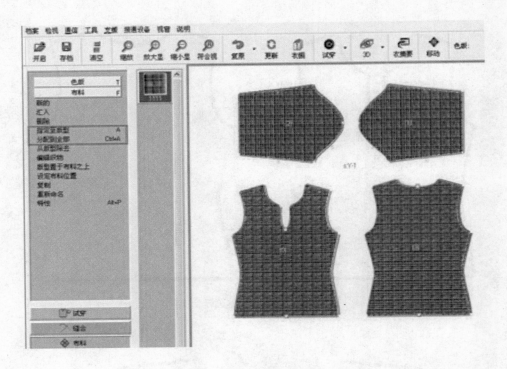

图 5-11　布料放置样板之中

（4）选择【创造接缝织物】→【缝合】→【接缝织物】（图 5-12）。

①按下【新增】。

②输入新增的接缝织物名称（例如 Binding）。

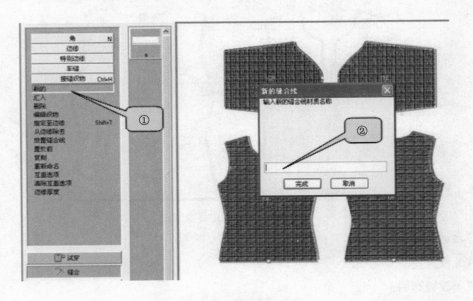

图 5-12　创造接缝织物

③在 CX 的资料夹中，选择所需的接缝织物图像（图 5-13）。

④按下【Open】（打开）。

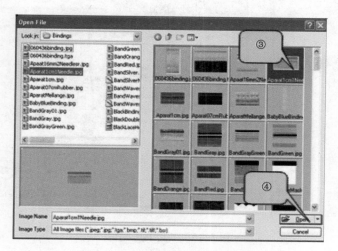

图 5-13 接缝织物图像

⑤选择新增接缝织物。

⑥按下【指定至边缘】。

⑦按下【相关边缘】，便将接缝织物加上了（图 5-14）。

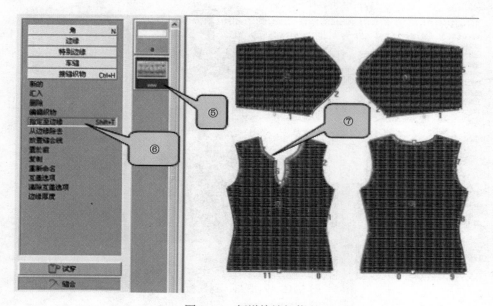

图 5-14 新增接缝织物

6. 创造 logo

【创造 logo】→【附件】（图 5-15）。

图 5-15　创造 logo 附件

附加 logo 到样板上（图 5-16）。

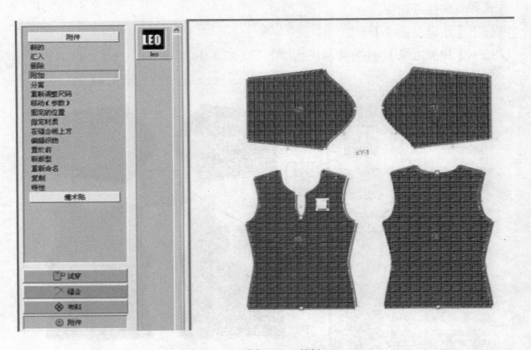

图 5-16　附加 logo 到样板上

7. 三维仿真模拟试衣（图 5-17~ 图 5-19）

分配好布料后，就可以进行第一次的模拟试穿。

（1）按下工具列上的【试衣】，此时，3D 视窗出现。

（2）按下三角形播放钮，则衣服以数字化网格开始模拟穿着在模特身上。

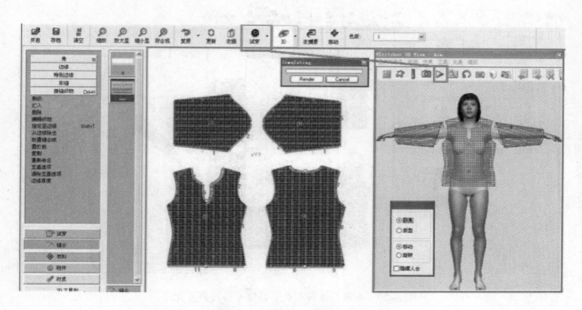

图 5-17　三维仿真模拟试衣

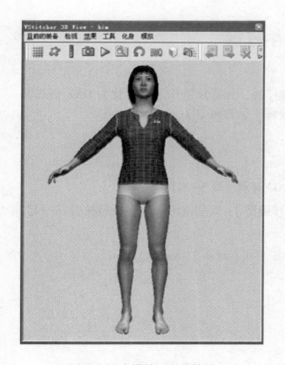

图 5-18　有模特试衣的效果

图 5-19　无模特试衣的效果

8. 拍下衣橱照片转到衣服数据库进行分类管理（图 5-20）

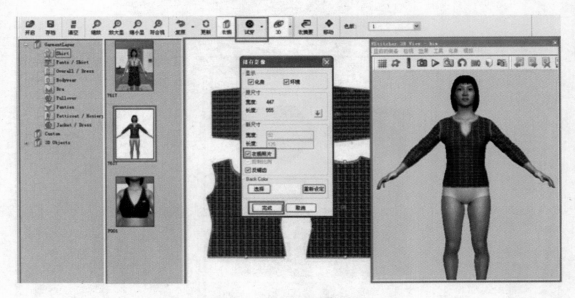

图 5-20　衣橱照片转到衣服数据库进行分类管理

第二节　牛仔裤

本节采用日升服装 CAD 系统制作出牛仔裤样板，无需加缝份量且转化为 DXF 格式文档，然后将 DXF 格式文档导入微思服装 VSD 系统，看三维试衣效果。

1. 汇入 DXF 样板文档

2. 编辑"分类"信息→存档

3. 选择板型中心，处理汇入的二维服装 CAD 样板（图 5-21）

选择【试穿功能中心】→【板型】→【展开板型】：板型被汇入后，板型被叠在一起，利用展开板型功能可以把样板平铺展开。

4. 选择【试穿中心功能中心】→【对称中心】→【对称】（图 5-22）

5. 群集

（1）创造新群集（图 5-23）。

（2）编辑群集。

①设定腰带的群集为：Belt（腰带），见图 5-24。

②设定左边样板群集为：Right/Rounded（左边 / 围绕），见图 5-25。

③设定右边样板群集为：Left/Rounded（右边 / 围绕），见图 5-26。

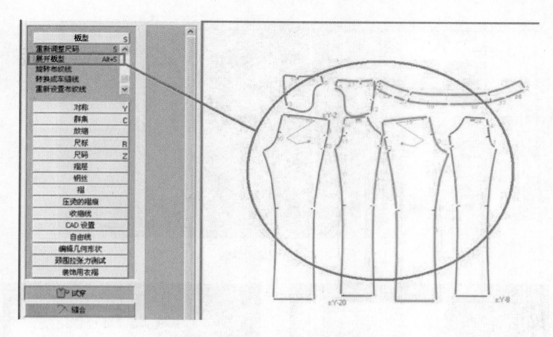

图 5-21　汇入二维服装 CAD 样板

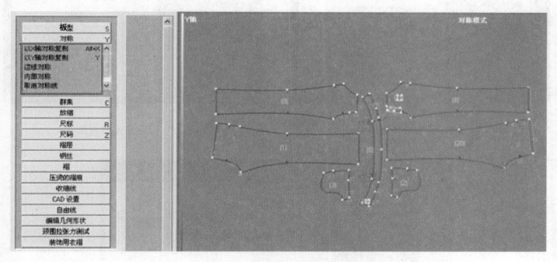

图 5-22　将需要的样板对称

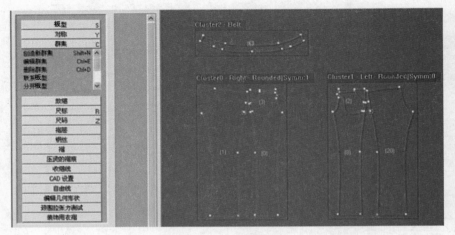

图 5-23　创造新群集

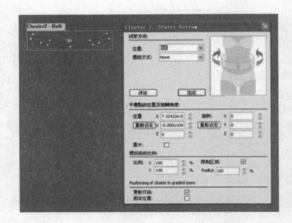

图 5-24　设定腰带的群集

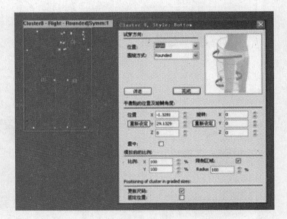

图 5-25　设定左边样板群集

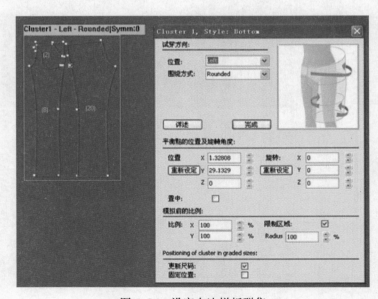

图 5-26　设定右边样板群集

6.车缝

（1）选择车缝功能出现普通车缝：单边对单边缝合（图5-27）。

（2）一边对多边车缝：一边对两边缝合［图5-28（a）］。

（3）相对应边缝合完成，黄色的线代表缝合线［图5-28（b）］。

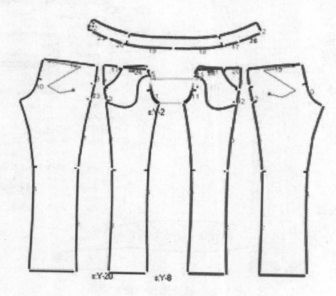

图5-27　单边对单边缝合

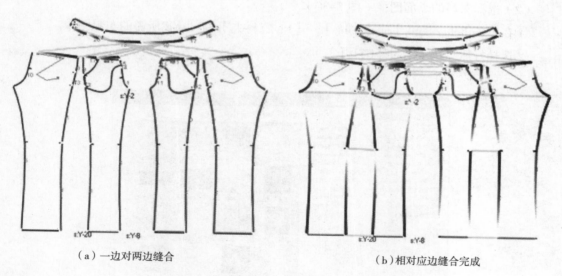

（a）一边对两边缝合　　　　　　　　　　　（b）相对应边缝合完成

图5-28　多边缝合

7.布料中心

（1）选择布料的物理性质（图5-29）。

①按下【新增】。

②为布料命名。

③选择布料物理性质（此资料来源为参考管理）。

④根据【Structure】→【形态】→【组合】→【描述】的顺序选择。

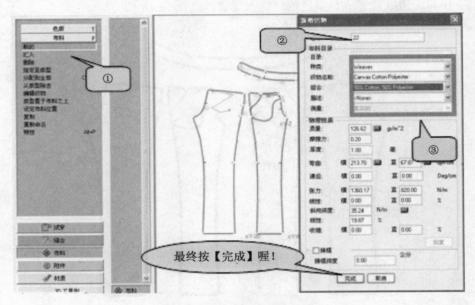

图 5-29 选择布料的物理性质

（2）选择布料的表面图像（图 5-30）。

①在【Vstitcher Bank】→【Babk】→【PL 资料夹】里，寻找所需的布料图像。

②选择好后，按【Open】（打开）。

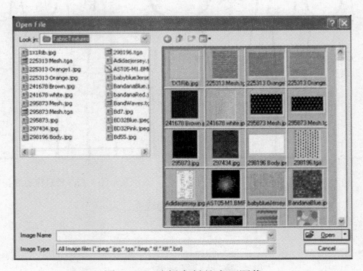

图 5-30 选择布料的表面图像

（3）放置布料（图5-31）。

①【指定至板型】（按下后，则可选择性地分配至所需要的板型）。

②【分配到全部】（按下后，则该布料会分配至全部板型）。

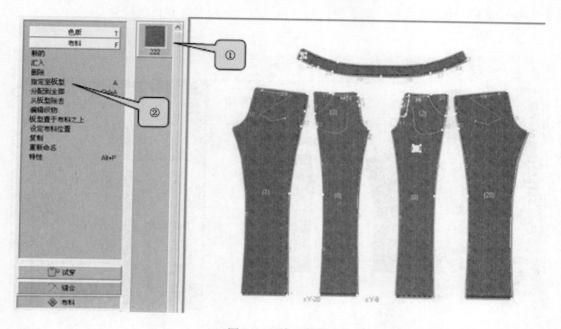

图5-31 放置布料

8.【创造logo】→【附件】

附加logo到样板上（图5-32）。

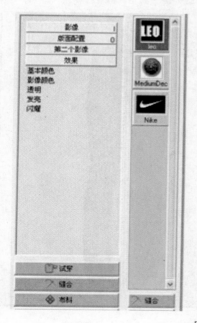
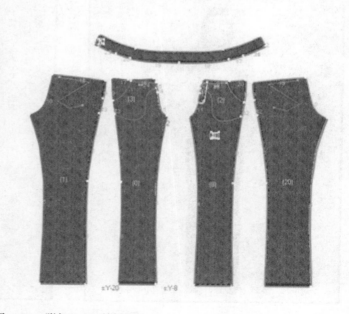

图5-32 附加logo到样板上

9. 三维仿真模拟试衣（图 5-33~ 图 5-35）

分配好布料后，就可以进行第一次的模拟试穿。

（1）按下工具列上的【试衣】，此时 3D 视窗出现。

（2）按下三角形播放钮，则衣服以数字化网格开始模拟穿着在模特身上。

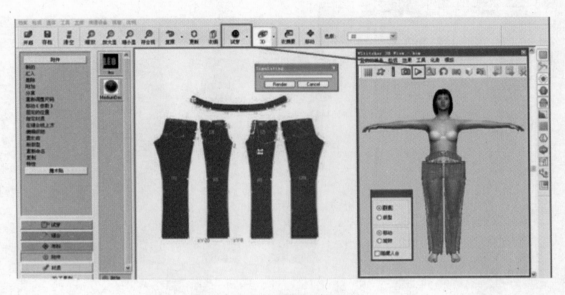

图 5-33　三维仿真模拟试衣

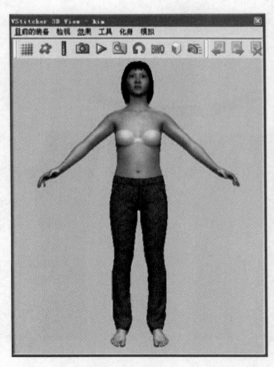

图 5-34　有模特试衣效果

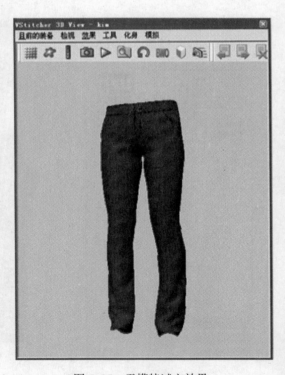

图 5-35　无模特试衣效果

10. 拍下衣橱照片转到衣服数据库进行分类管理（图5-36）

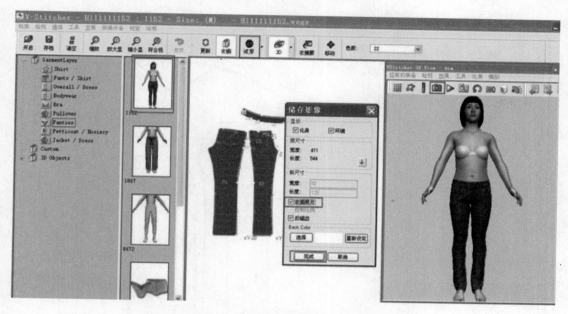

图5-36 衣橱照片转到衣服数据库进行分类管理

第三节 职业装

本节采用智尊宝纺服装CAD系统制作出职业装样板，无需加缝份量且转化为DXF格式文档，然后将DXF格式文档导入微思服装VSD系统，看三维试衣效果。

1. 汇入DXF样板文档

2. 编辑"衣服摘要"信息→存档

3. 板型中心处理汇入的二维服装CAD样板（图5-37）

选择【试穿功能中心】→【板型】→【展开板型】：板型被汇入后，板型被叠在一起，利用展开板型功能，可以把样板平铺展开。

4. 选择【试穿中心功能中心】→【对称中心】→【对称】（图5-38）

5. 群集

（1）创造新群集（图5-39）。

（2）编辑群集。

①设定领子的群集为：领子（图5-40）。

②设定前片样板的群集为：前片（图5-41）。

③设定后片样板的群集为：后片（图5-42）。

④设定左袖样板群集为：左袖（图5-43）。

⑤设定右袖样板群集为：右袖（图5-44)。

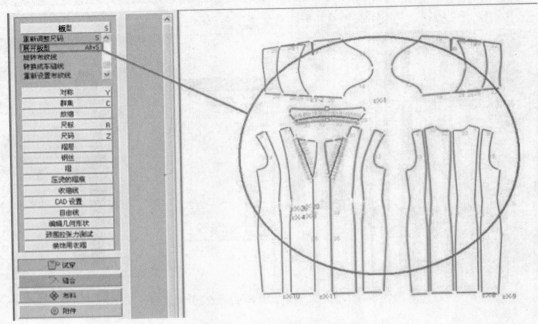

图5-37　汇入二维服装CAD样板

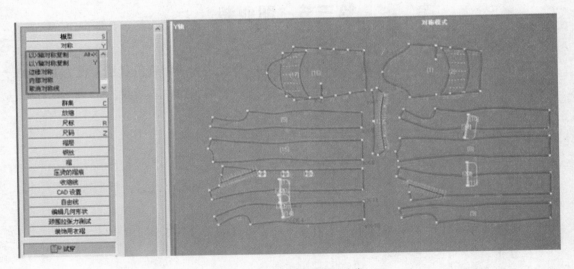

图5-38　将需要的样板对称

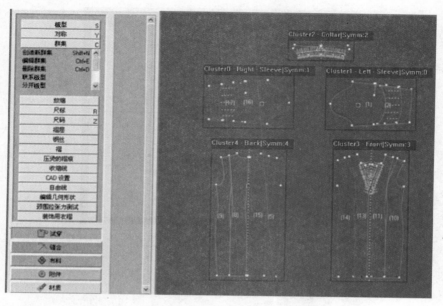

图 5-39　创造新群集

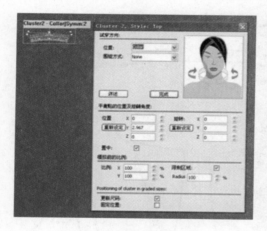

图 5-40　领子群集

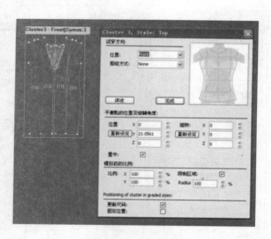

图 5-41　前片群集

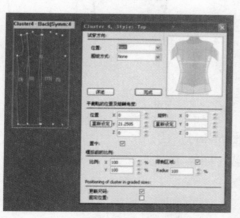

图 5-42　后片群集

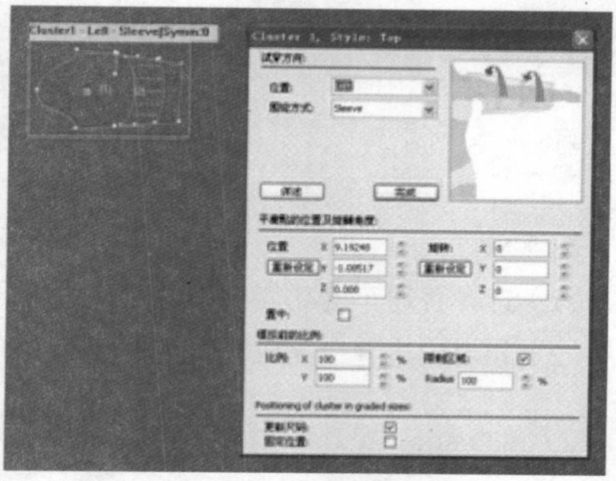

图 5-43　左袖群集

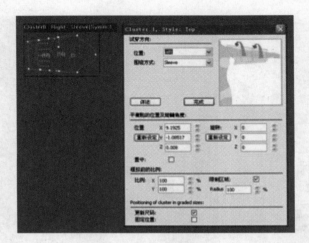

图 5-44　右袖群集

6. 选择褶层（图 5-45）

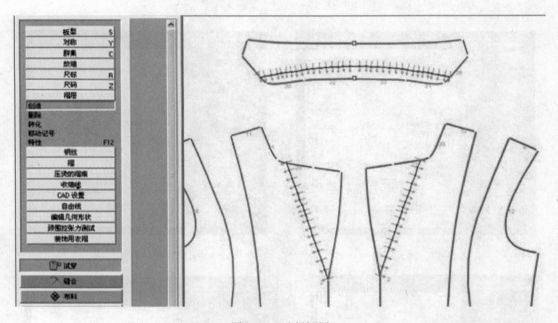

图 5-45　选择褶层

7. 车缝

（1）选择普通车缝功能：单边对单边缝合（图 5-46）。

（2）相对应边缝合完成，黄色的线代表缝合线（图 5-47）。

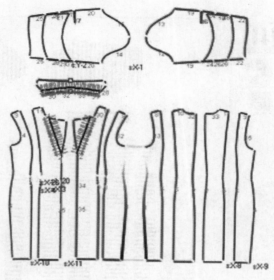

图 5-46 单边对单边缝合

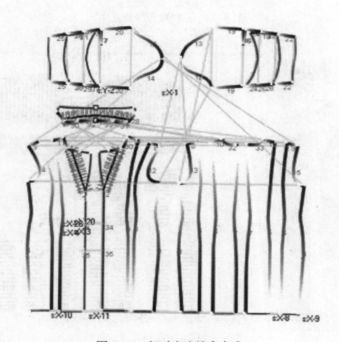

图 5-47 相对应边缝合完成

8. 布料中心

（1）布料放置样板之中（图 5-48）。

（2）选择【创造接缝织物】→【缝合】→【接缝织物】（图 5-49）。

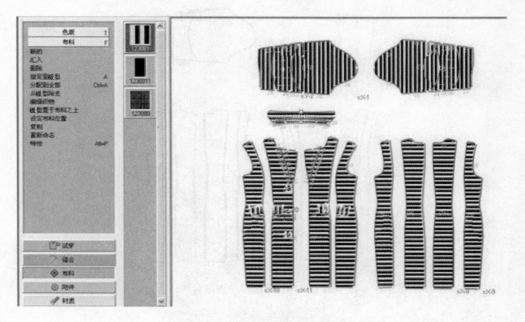

图 5-48　布料放置样板之中

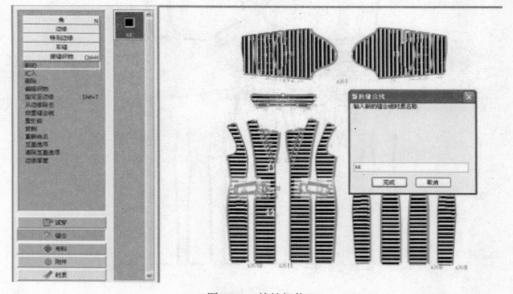

图 5-49　接缝织物

9. 三维仿真模拟试衣（图 5-50～ 图 5-52）

分配好布料后，就可以进行第一次的模拟试穿。

（1）按下工具列上的【试衣】，此时 3D 视窗出现。

（2）按下三角形播放钮，则衣服以数字化网格开始模拟穿着在模特身上。

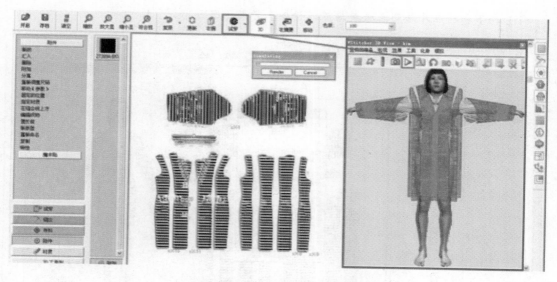

图 5-50　三维仿真模拟试衣

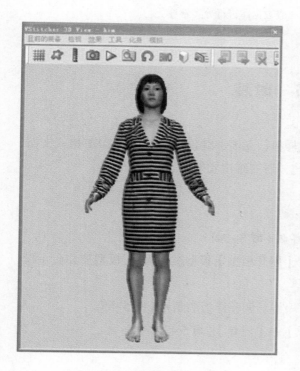

图 5-51　有模特试衣的效果

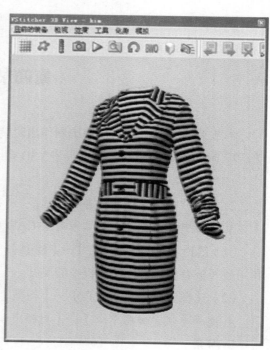

图 5-52　无模特试衣的效果

10. 拍下衣橱照片转到衣服数据库进行分类管理（图 5-53）

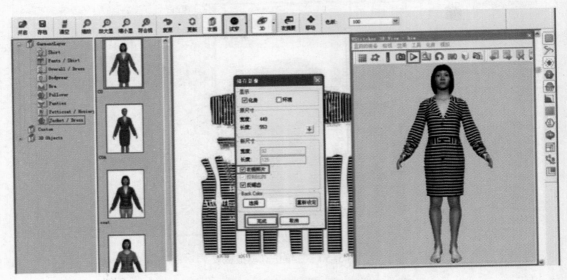

图 5-53　衣橱照片转到衣服数据库进行分类管理

第四节　时装

本节采用 ET 服装 CAD 系统制作出时装样板，无需加缝份量且转化为 DXF 格式文档，然后将 DXF 格式文档导入微思服装 VSD 系统，看三维试衣效果。

1. 汇入 DXF 样板文档

2. 编辑"分类"信息→存档

3. 板型中心处理汇入的二维服装 CAD 样板（图 5-54）

（1）选择【试穿功能中心】→【板型】→【展开板型】：板型被汇入后，板型被叠在一起，利用展开板型功能可以把样板平铺展开。

（2）选择【试穿功能中心】→【板型】→旋转调整样板的角度（图 5-55）。

4. 选择【试穿功能中心】→【对称中心】→【对称】（图 5-56）

5. 群集

（1）创造新群集（图 5-57）。

（2）编辑群集。

① 设定领子的群集为：领子（图 5-58）。

② 设定前片样板的群集为：前片（图 5-59）。

③ 设定后片样板的群集为：后片（图 5-60）。

④ 设定左袖样板群集为：左袖（图 5-61）。

⑤ 设定右袖样板群集为：右袖（图5-62）。

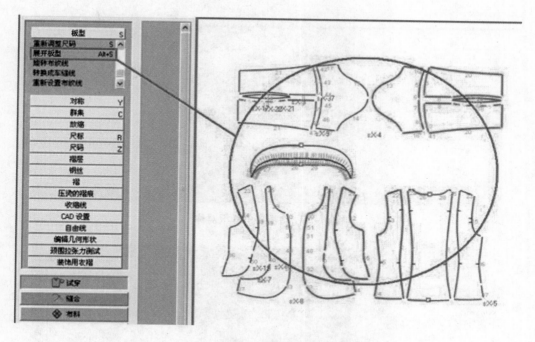

图 5-54　汇入二维服装 CAD 样板

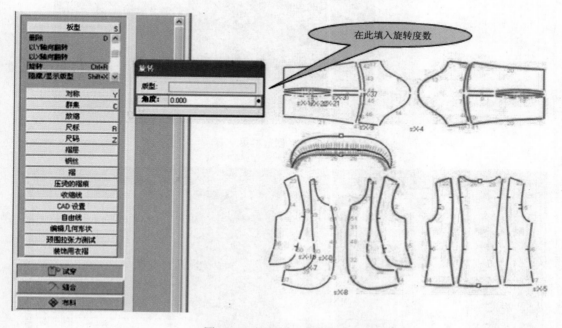

图 5-55　调整样板的旋转角度

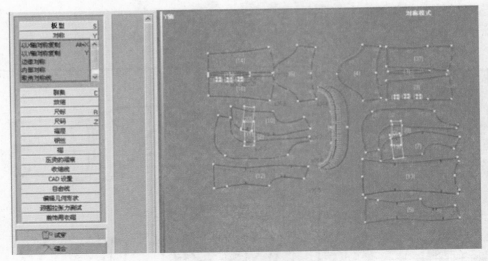

图 5-56 将需要的样板对称

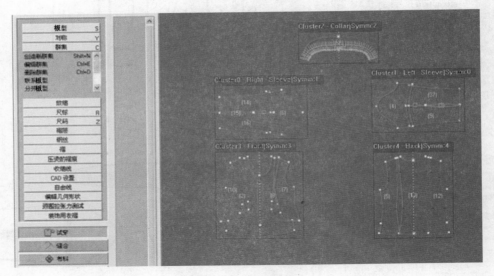

图 5-57 创造群集

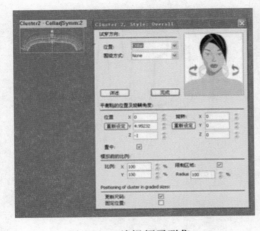

图 5-58 编辑领子群集

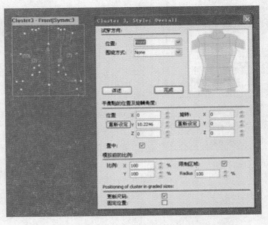

图 5-59 编辑前片群集

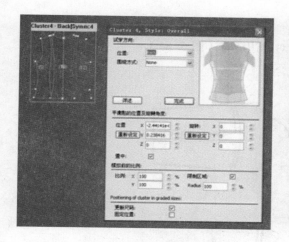

图 5-60　编辑后片群集

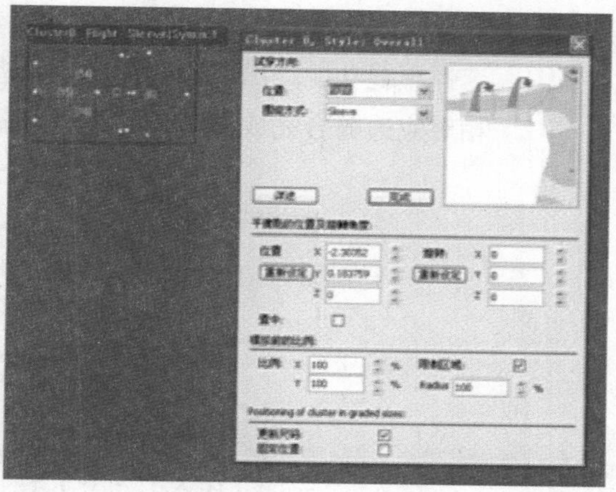

图 5-61　编辑左袖群集

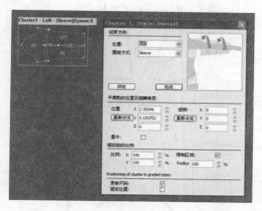

图 5-62　编辑右袖群集

6. 褶层（图 5-63）

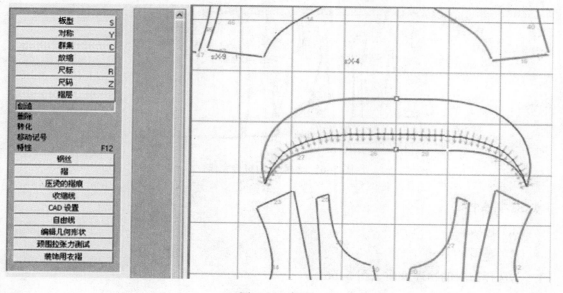

图 5-63　褶层

7. 车缝

（1）选择车缝功能，出现普通车缝：单边对单边缝合（图 5-64）。

（2）相对应边缝合完成，黄色的线代表缝合线（图 5-65）。

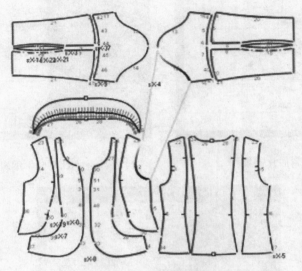

图 5-64　单边对单边缝合

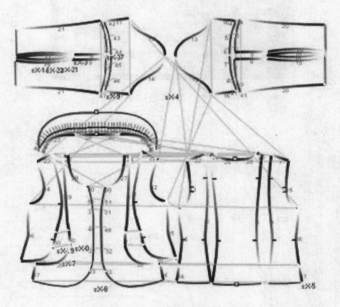

图 5-65　相对应边缝合完成

8. 布料中心

（1）色版。

（2）布料。

①选择布料的物理性质（图 5-66）。

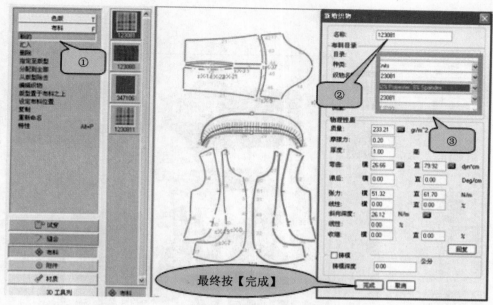

图 5-66　选择布料的物理性质

②放置布料至样板之中（图 5-67）。

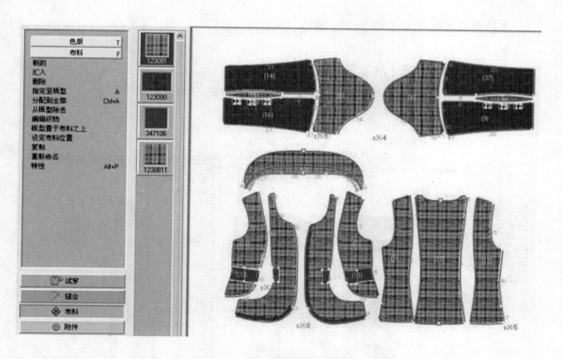

图 5-67　放置布料至样板之中

③接缝织物（图 5-68）。

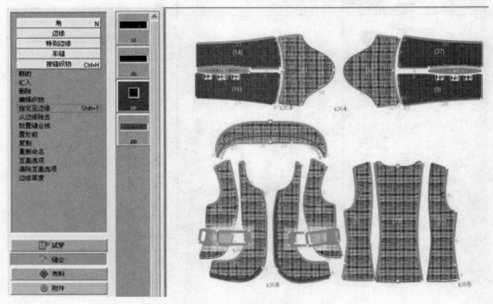

图 5-68　接缝织物

9. 三维仿真模拟试衣（图 5-69~ 图 5-71）

分配好布料后，就可以进行第一次的模拟试穿。

（1）按下工具列上的【试衣】，此时 3D 视窗出现。

（2）按下三角形播放钮，则衣服以数字化网格开始模拟穿着在模特身上。

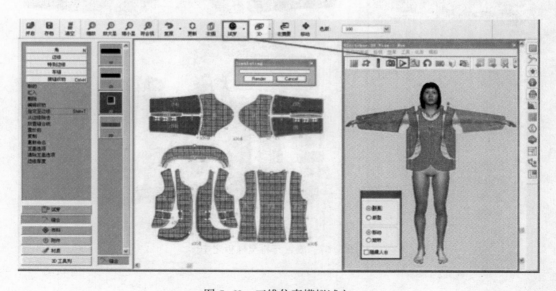

图 5-69　三维仿真模拟试衣

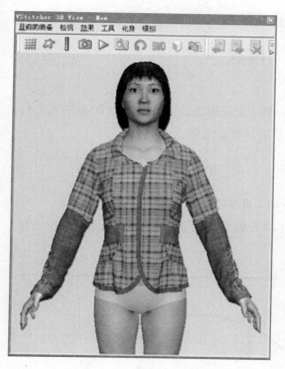

图 5-70 有模特试衣效果

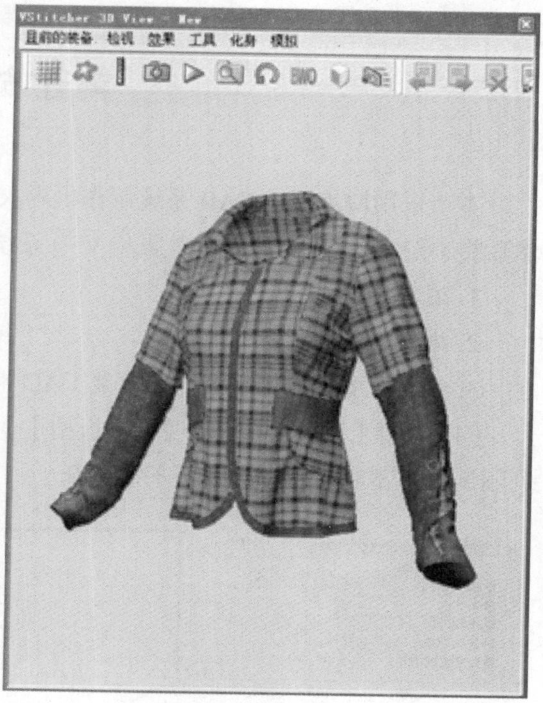

图 5-71 无模特衣服效果

10.拍下衣橱照片转到衣服数据库进行分类管理（图 5-72）

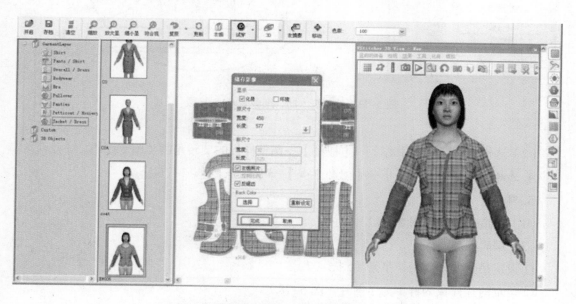

图 5-72 衣橱照片转到衣服数据库进行分类管理

第五节　内衣

本节采用博克服装 CAD 系统制作出内衣样板，无需加缝份量且转化为 DXF 格式文档，然后将 DXF 格式文档导入微思服装 VSD 系统，看三维试衣效果。

1. 汇入 DXF 样板文档

2. 编辑"分类"信息→存档

3. 板型中心处理汇入的二维服装 CAD 样板（图 5-73）

（1）选择【试穿功能中心】→【板型】→【展开板型】：板型被汇入后，板型被叠在一起，利用展开板型功能可以把样板平铺展开。

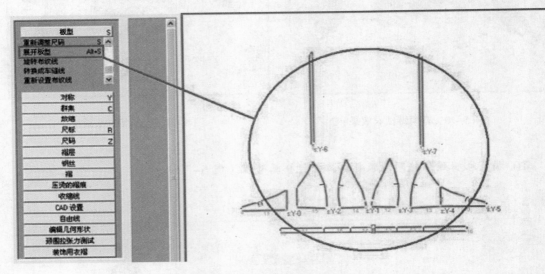

图 5-73　处理汇入的二维服装 CAD 样板

（2）选择【试穿功能中心】→【板型】→调整样板的旋转角度（图 5-74）。

4. 选择【试穿功能中心】→【对称中心】→【对称】（图 5-75）

5. 群集

（1）创造新群集（图 5-76）。

（2）编辑群集。

①设定吊带的群集为：吊带（图 5-77）。

②设定前片样板的群集为：前片（图 5-78）。

③设定后片样板的群集为：后片（图 5-79）。

④设定文胸侧翼群集为：前片围绕（图 5-80）。

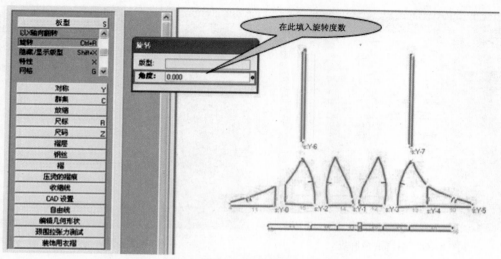

图 5-74　调整样板的旋转角度

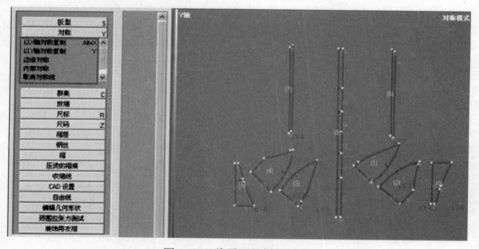

图 5-75　将需要的样板对称

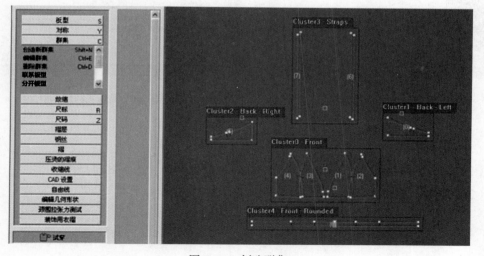

图 5-76　创造群集

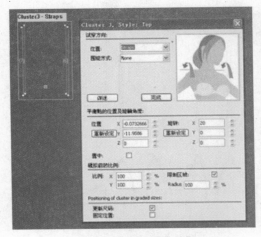

图 5-77　编辑吊带群集

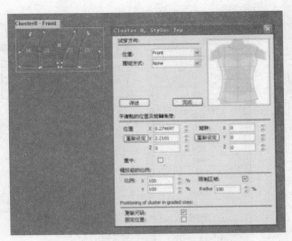

图 5-78　编辑前片群集

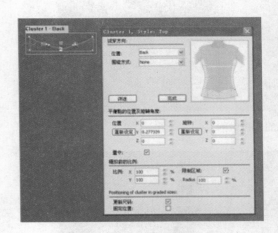

图 5-79　编辑后片群集

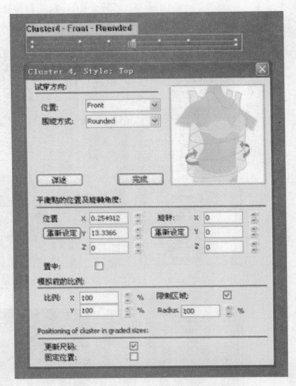

图 5-80　编辑文胸侧翼群集

6. 车缝

（1）选择车缝功能，出现普通车缝：单边对单边缝合（图 5-81）。

（2）相对应边缝合完成，黄色的线代表缝合线（图 5-82）。

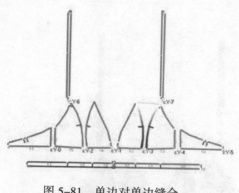

图 5-81　单边对单边缝合

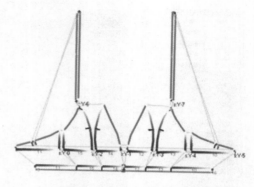

图 5-82　相对应边缝合完成

7. 布料中心

（1）放置布料至样板之中（图 5-83）。

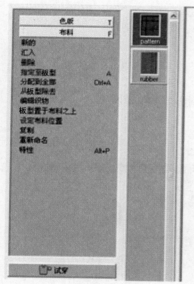

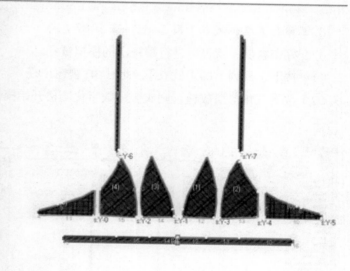

图 5-83　放置布料至样板之中

（2）选择【创造接缝织物】→【缝合】→【接缝织物】（图 5-84）。

图 5-84　接缝织物

8. 三维仿真模拟试衣（图 5-85~ 图 5-87）

分配好布料后，就可以进行第一次的模拟试穿。

（1）按下工具列上的【试衣】，此时 3D 视窗出现。

（2）按下三角形播放钮，则衣服以数字化网格开始模拟穿着在模特身上。

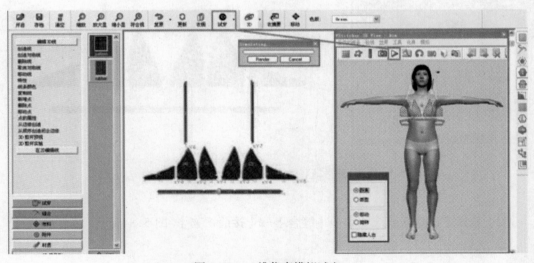

图 5-85　三维仿真模拟试衣

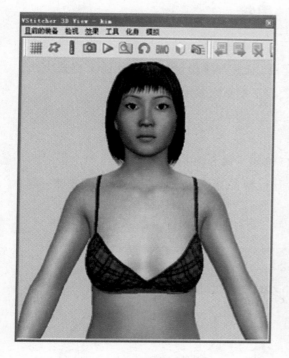

图 5-86 有模特试衣效果

图 5-87 无模特试衣效果

9. 拍下衣橱照片转到衣服数据库进行分类管理（图 5-88）

图 5-88 衣橱照片转到衣服数据库进行分类管理

第六节　男裤

本节采用爱科服装 CAD 系统制作出男裤样板，无需加缝份量且转化为 DXF 格式文档，然后将 DXF 格式文档导入微思服装 VSD 系统，看三维试衣效果。

1. 汇入 DXF 样板文档

2. 编辑好"分类"信息→存档

3. 选择板型中心处理汇入的二维服装 CAD 样板（图 5-89）

选择【试穿功能中心】→【板型】→【展开板型】：板型被汇入后，板型被叠在一起，利用展开板型功能可以把样板平铺展开。

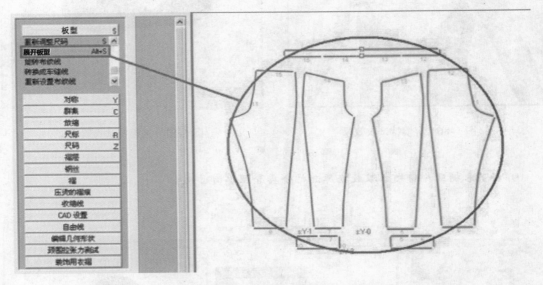

图 5-89　处理汇入的二维服装 CAD 样板

4. 选择【试穿功能中心】→【对称中心】→【对称】（图 5-90）

5. 群集

（1）创造新群集（图 5-91）。

（2）编辑群集。

①设定腰带的群集为：腰带（图 5-92）。

②设定左裤片样板的群集为：左边围绕（图 5-93）。

③设定右裤片样板的群集为：右边围绕（图 5-94）。

④设定左裤口样板为群集为：左边围绕（图 5-95）。

⑤设定右裤口样板的群集为：右边围绕（图 5-96）。

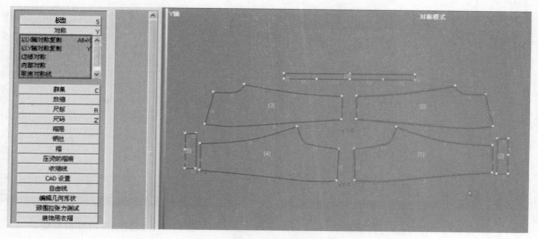

图 5-90　将需要的样板对称

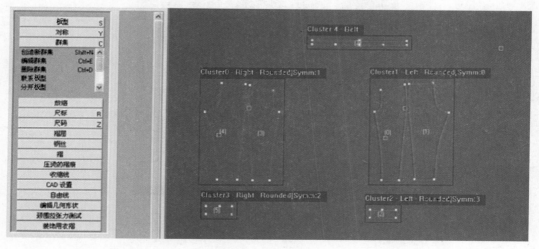

图 5-91　创造新群集

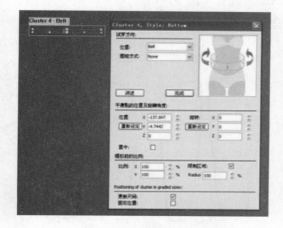

图 5-92　编辑腰带群集

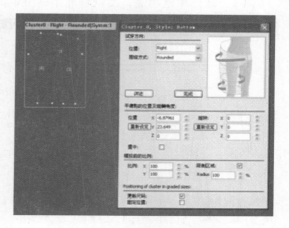

图 5-93　编辑左裤片样板群集

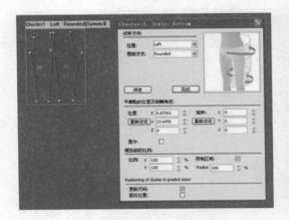

图 5-94　编辑右裤片样板群集

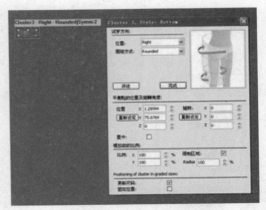

图 5-95　编辑左裤口样板群集

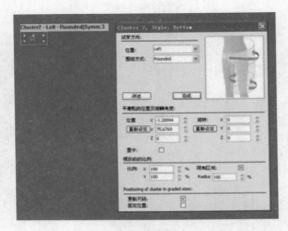

图 5-96　编辑右裤口样板群集

6.车缝

（1）选择车缝功能，出现普通车缝：单边对单边缝合（图 5-97）。

（2）相对应边缝合完成，黄色的线代表缝合线（图 5-98）。

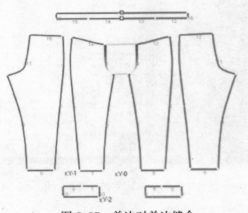

图 5-97　单边对单边缝合

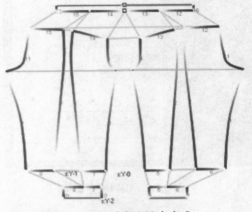

图 5-98　相对应边缝合完成

7.布料中心

（1）布料放置至样板之中（图5-99）。

（2）接缝织物（图5-100）。

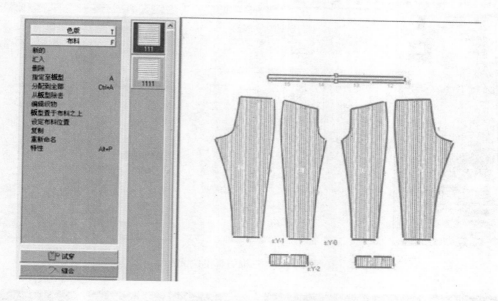

图5-99　布料放置至样板之中

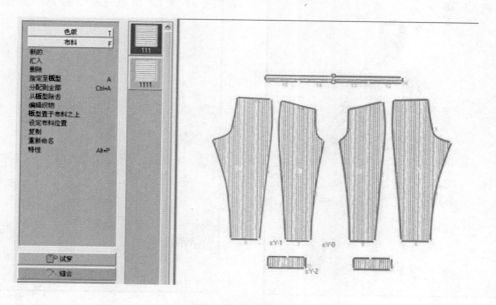

图5-100　接缝织物

8.三维仿真模拟试衣（图5-101~图5-103）

分配好布料后，就可以进行第一次的模拟试穿。

（1）按下工具列上的【试衣】，此时3D视窗出现。

（2）按下三角形播放钮，则衣服以数字化网格开始模拟穿着在模特身上。

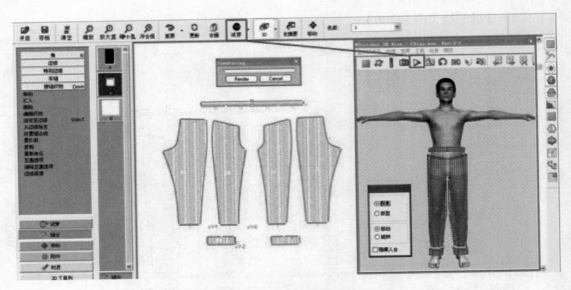

图 5-101　三维仿真模拟试衣

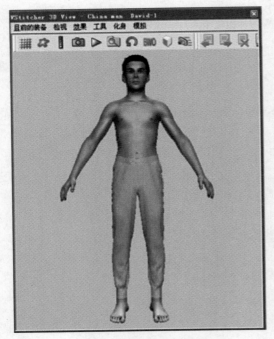

图 5-102　有模特试衣效果

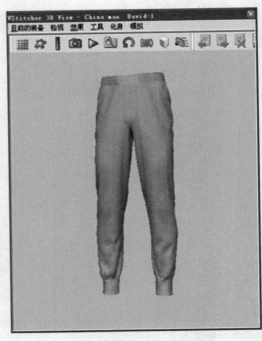

图 5-103　无模特试衣效果

9.拍下衣橱照片转到衣服数据库进行分类管理（图 5-104）

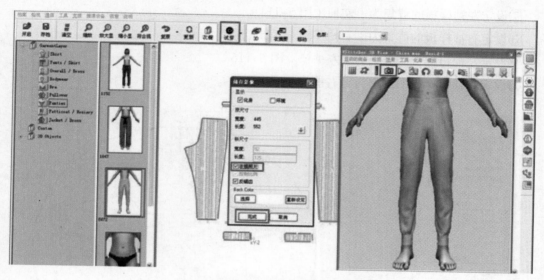

图 5-104　衣橱照片转到衣服数据库进行分类管理

第七节　男式夹克

本节采用格柏服装 CAD 系统制作出男式夹克样板，无需加缝份量且转化为 DXF 格式文档，然后将 DXF 格式文档导入微思服装 VSD 系统，看三维试衣效果。

1.汇入 DXF 样板文档

2.编辑好"分类"信息→存档

3.选择板型中心处理汇入的二维服装 CAD 样板（图 5-105）

选择【试穿功能中心】→【板型】→【展开板型】：板型被汇入后，板型被叠在一起，利用展开板型功能可以把样板平铺展开。

4.选择【试穿中心功能中心】→【对称中心】→【对称】（图 5-106）

5.群集

（1）创造新群集（图 5-107）。

（2）编辑群集。

①设定帽子样板的群集为：帽子（图 5-108）。

②设定前片样板的群集为：前片（图 5-109）。

③设定后片样板的群集为：后片（图 5-110）。

④设定左侧样板的群集为：左侧（图 5-111）。

⑤设定右侧样板的群集为：右侧（图 5-112）。

⑥设定腰带群集为：腰带（图 5–113）。

⑦设定左袖样板的群集为：左袖（图 5–114）。

⑧设定右袖样板的群集为：右袖（图 5–115）。

⑨设定左袖口样板的群集为：左袖口（图 5–116）。

⑩设定右袖口样板的群集为：右袖口（图 5–117）。

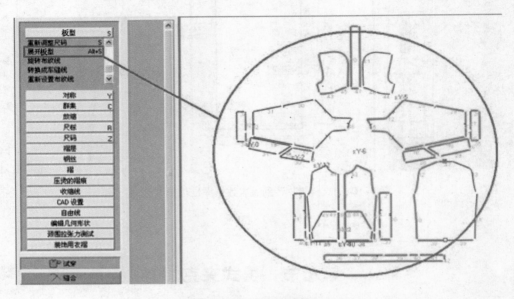

图 5–105　处理汇入的二维服装 CAD 样板

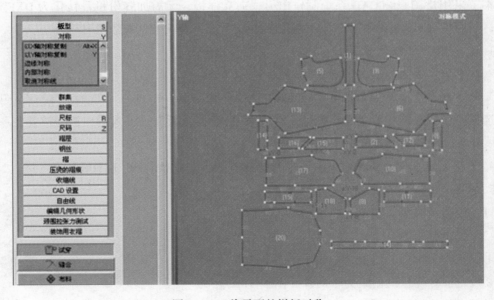

图 5–106　将需要的样板对称

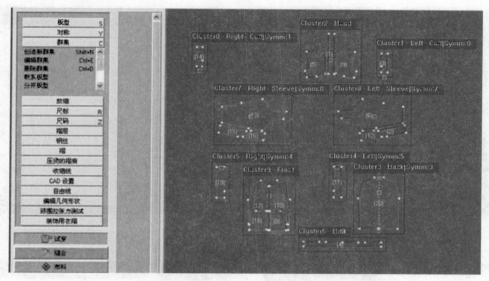

图 5-107 创造新群集

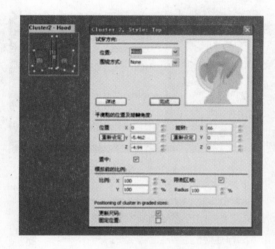

图 5-108 编辑帽子群集

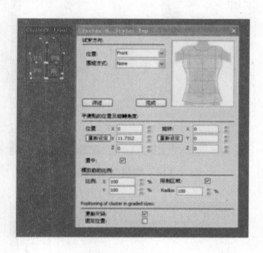

图 5-109 编辑前片群集

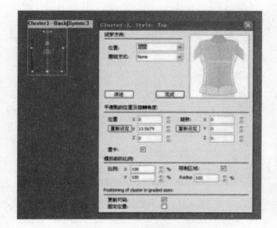

图 5-110 编辑后片群集

图 5-111 编辑左侧群集

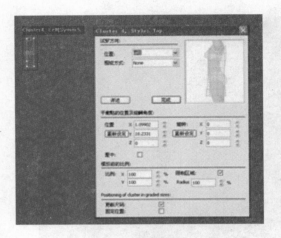

图 5-112　编辑右侧群集

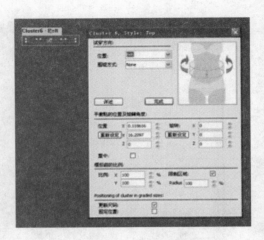

图 5-113　编辑腰带群集

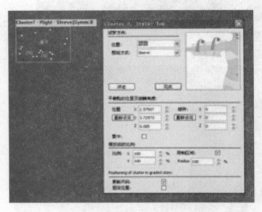

图 5-114　编辑左袖群集

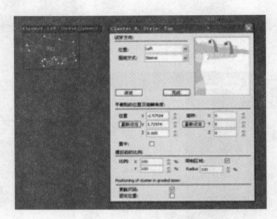

图 5-115　编辑右袖群集

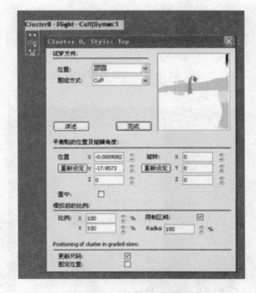

图 5-116　编辑左袖口群集

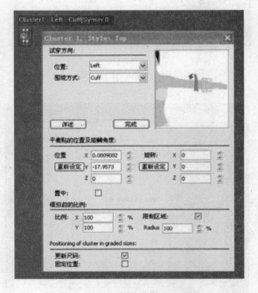

图 5-117　编辑右袖口群集

6. **车缝**

（1）选择车缝功能，出现普通车缝：单边对单边缝合（图5-118）。

（2）相对应边缝合完成，黄色的线代表缝合线（图5-119）。

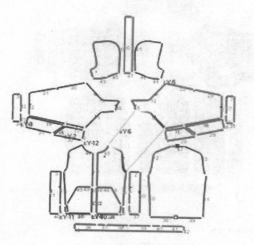

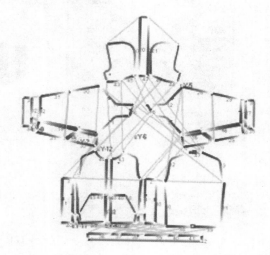

图5-118　单边对单边缝合

图5-119　相对应边缝合完成

7. **布料中心**

（1）布料放置至样板之中（图5-120）。

（2）接缝织物（图5-121）。

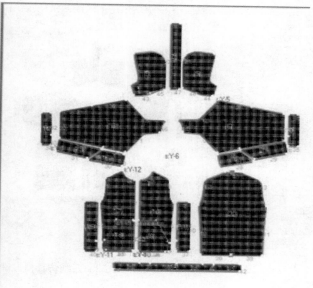

图5-120　布料放置至样板之中

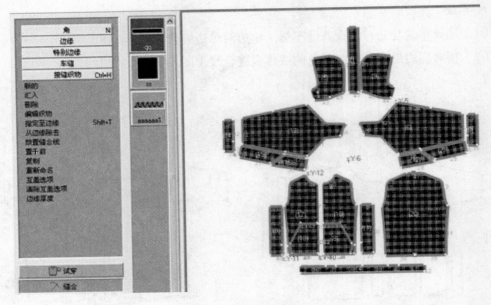

图 5-121　接缝织物

8. 三维仿真模拟试衣（图 5-122、图 5-123）

分配好布料后，就可以进行第一次的模拟试穿。

（1）按下工具列上的【试衣】，此时 3D 视窗出现。

（2）按下三角形播放钮，则衣服以数字化网格开始模拟穿着在模特身上。

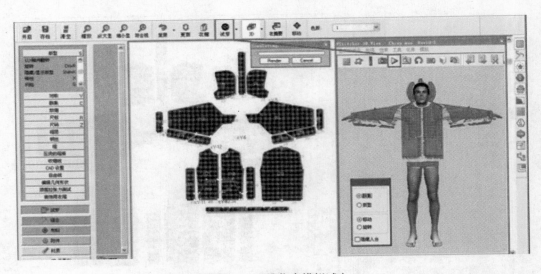

图 5-122　三维仿真模拟试衣

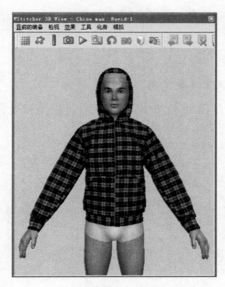

（a）有模特试衣效果   （b）无模特试衣效果

图 5-123　试穿效果

9. 拍下衣橱照片转到衣服数据库进行分类管理（图 5-124）

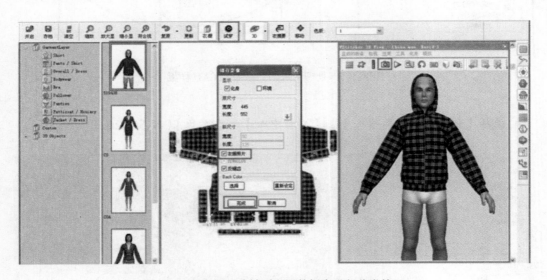

图 5-124　衣橱照片转到衣服数据库进行分类管理

第八节　男式 T 恤

本节采用力克服装 CAD 系统制作出男式 T 恤样板，无需加缝份量且转化为 DXF 格式文档，然后将 DXF 格式文档导入微思服装 VSD 系统，看三维试衣效果。

1. 汇入 DXF 样板文档

2. 编辑好"分类"信息→存档

3. 选择板型中心，处理汇入的二维服装 CAD 样板（图 5-125）

选择【试穿功能中心】→【板型】→【展开板型】：板型被汇入后，板型被叠在一起，利用展开板型功能可以把样板平铺展开。

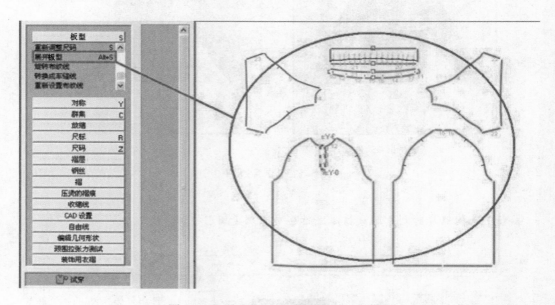

图 5-125　处理汇入的二维服装 CAD 样板

4. 选择【试穿中心功能中心】→【对称中心】→【对称】（图 5-126）

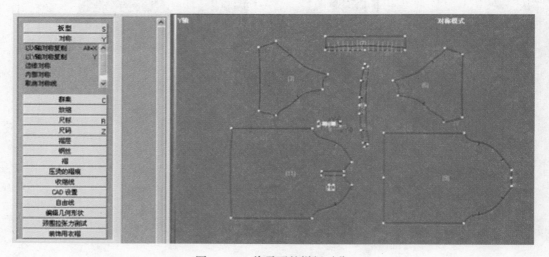

图 5-126　将需要的样板对称

5. 群集

（1）创造新群集（图 5-127）。

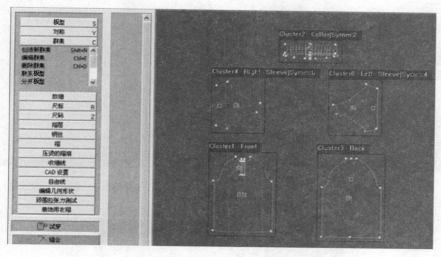

图 5-127　创造新群集

（2）编辑群集。

①设定领子样板的群集为：领子（图 5-128）。

②设定前片样板的群集为：前片（图 5-129）。

③设定后片样板的群集为：后片（图 5-130）。

④设定左袖样板的群集为：左袖（图 5-131）。

⑤设定右袖样板的群集为：右袖（图 5-132）。

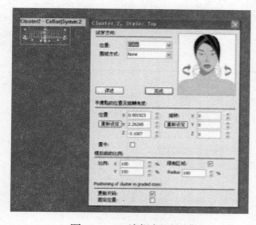

图 5-128　编辑领子群集

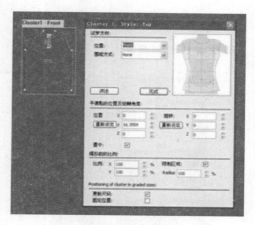

图 5-129　编辑前片群集

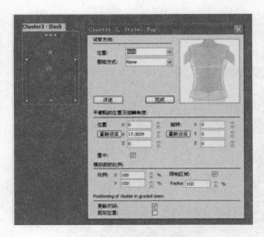

图 5-130　编辑后片群集

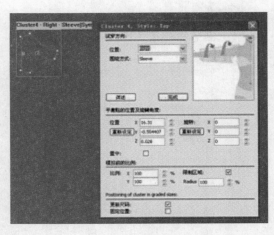

图 5-131　编辑左袖群集

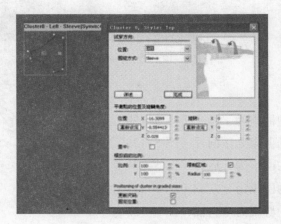

图 5-132　编辑右袖群集

6.设计领子翻折量（图 5-133）

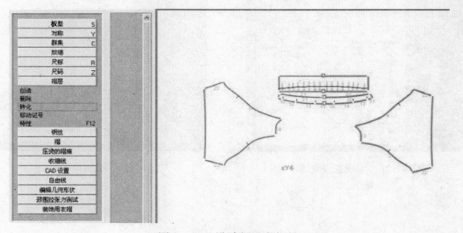

图 5-133　设计领子翻折量

7. 车缝

（1）选择车缝功能，出现普通车缝：单边对单边缝合（图5-134）。

（2）相对应边缝合完成，黄色的线代表缝合线（图5-135）。

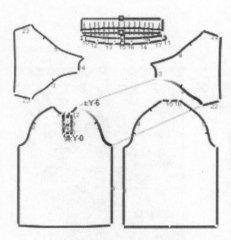 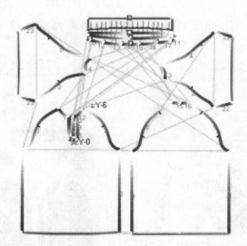

图 5-134　单边对单边缝合　　　　　　　图 5-135　相对应边缝合完成

8. 布料中心

（1）布料放置至样板之中。

（2）接缝织物（图5-136）。

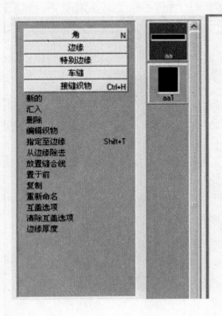 

图 5-136　接缝织物

9. 三维仿真模拟试衣（图 5-137~ 图 5-139 ）

分配好布料后，就可以进行第一次的模拟试穿。

（1）按下工具列上的【试衣】，此时 3D 视窗出现。

（2）按下三角形播放钮，则衣服以数字化网格开始模拟穿着在模特身上。

10. 拍下衣橱照片转到衣服数据库进行分类管理（图 5-140 ）

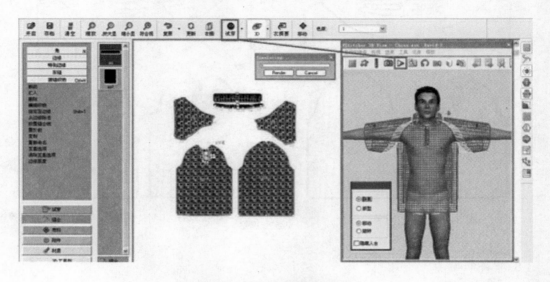

图 5-137　三维仿真模拟试衣

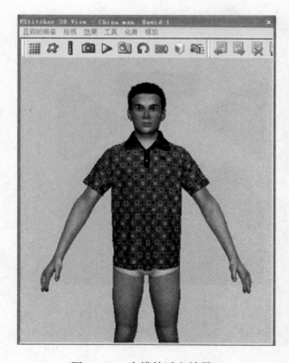

图 5-138　有模特试衣效果

图 5-139　无模特试衣效果

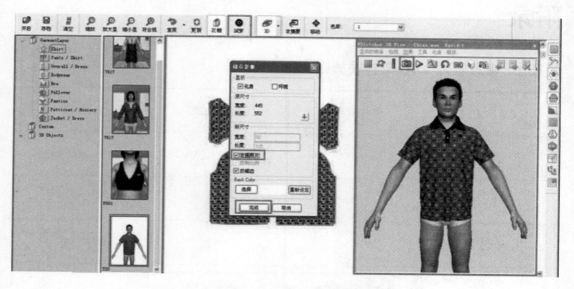

图 5-140 衣橱照片转到衣服数据库进行分类管理

思考与练习

1. 结合所学知识，运用服装 VSD 软件的二维系统绘制 5 款二维样板，并在三维系统进行可视缝合设计与三维试衣。

2. 结合所学知识，用其他品牌服装 CAD 系统制作 5 款二维样板，通过 DXF 格式导入服装 VSD 软件的三维系统进行可视缝合设计与三维试衣。

附录

附录 1　微思服装 VSD 软件快捷键介绍

【Ctrl】+【1】	创造样板	【Ctrl】+【2】	复制样板
【R】	旋转样板	【Shift】+【X】	隐藏 / 显示样板
【Alt】+【S】	展开样板	【D】	删除样板
【X】	样板特性	【G】	样板网格
【S】	重新调整样板尺码	【Alt】+【X】	以 X 轴对称复制样板
【Y】	以 Y 轴对称复制样板	【Shift】+【N】	创造新群集
【Ctrl】+【E】	编辑群集	【Ctrl】+【D】	删除群集
【Ctrl】+【G】	放缩点	【R】	边缘长度
【Shift】+【R】	测量距离	【Shift】+【Z】	管理尺码
【F12】	褶层特性	【F10】	褶特性
【P】	创造钉	【Shift】+【D】	移除点：点
【Shift】+【P】	移除钉：钉	【V】	移动点：单一个
【Shift】+【V】	移动点：多数个	【Shift】+【A】	点的属性
【Ctrl】+【O】	自由线创造	【B】	自由线移动
【F2】	旋转三维模特	【Ctrl】+【B】	自由线移动点
【v】（小写）	隐藏模特	—	

附录 2　微思服装 VSD 软件英汉词汇对照表

内外服装分类	英文	中文
1	Panties	内裤
	Body Wear	贴身装束
	Bra	内衣
2	Petticoat / Hosiery	衬裙 / 连体袜
3	Pants / Skirt	裤子 / 裙子
	Overall / Dress	连身背带裤 / 礼服
	Shirt	衬衫
4	Pullover	毛衣
5	Jacket / Coat	夹克 / 大衣
其他	None	空的
	Right	右边
	Straps	肩带
	Hood	帽子
	Parallel to floor	平行腰带
	Scarf	单边包围
	Back	后片或后面
	Straps	吊带
	Gusset	裤裆
	Front	前
	Thong	内裤
	Collar	领子
	Belt	腰带
	Sleeve Shrug	连体袖子
	Left	左边
	Collar	领子

后记

　　本书在教材的编写过程中，力求做到使内容体现"工学结合"，力求取之于工、用之于学。即吸纳本专业的最新技术，坚持理论联系实际、深入浅出地编写。本书以大量的实例介绍了可视缝合设计技术的应用原理、方法与技巧。如果本书对服装高等教育中的教学有所帮助，我将深感荣幸。同时，更希望这本书能成为服装教学体制改革道路上的一块探路石，以引出更多、更好服装教学方法，共同推动中国服装教育的发展。

　　本书在使用过程中若有什么问题，欢迎广大读者朋友提出宝贵的建议或意见。可以用电子邮件的形式发给我。

　　我长期从事数字化高级服装设计和板型的研究工作，积累了大量实际操作经验。为了做好服装教材研究与辅导工作，特创立了中国服装网络学院（网址：www.cfzds.org），读者在操作过程中若有疑问，可以通过中国服装网络学院向陈老师求助。中国服装网络学院将不定期增加新款教学视频。

　　Email: fzsj168@163.com

　　电　话：0755-26650090　18926547881

作　者

2012年5月

书目：**服装**

书　名	作　者	定价(元)
【普通高等教育"十一五"国家级规划教材】		
毛皮与毛皮服装创新设计(第2版)	刁　梅	49.80
服装舒适性与功能(第2版)	张渭源	28.00
服装品牌广告设计	贾荣林　王蕴强	35.00
服装工业制板(第2版)	潘　波　赵欲晓	32.00
服装材料学·基础篇(附盘)	吴微微	35.00
服装材料学·应用篇(附盘)	吴微微	32.00
服饰配件艺术(第3版)(附盘)	许　星	36.00
时装画技法	邹　游	49.80
服装展示设计(附盘)	张　立	38.00
化妆基础(附盘)	徐家华	58.00
服装概论(附盘)	华　梅　周　梦	36.00
服饰搭配艺术(附盘)	王　渊	32.00
服装面料艺术再造(附盘)	梁惠娥	36.00
服装纸样设计原理与应用·男装编(附盘)	刘瑞璞	39.80
服装纸样设计原理与应用·女装编(附盘)	刘瑞璞	48.00
中西服装发展史(第二版)(附盘)	冯泽民　刘海清	39.80
西方服装史(第二版)(附盘)	华　梅　要　彬	39.80
中国服装史(附盘)	华　梅	32.00
中国服饰文化(第二版)(附盘)	张志春	39.00
服装美学(第二版)(附盘)	华　梅	38.00
服装美学教程(附盘)	徐宏力　关志坤	42.00
针织服装设计(附盘)	谭　磊	39.80
成衣工艺学(第三版)(附盘)	张文斌	39.80
服装CAD应用教程(附盘)	陈建伟	39.80
【服装高等教育"十一五"部委级规划教材】		
服装生产经营管理(第4版)	宁　俊	42.00
艺术设计创造性思维训练	陈　莹　李春晓　梁　雪	32.00
服装色彩学(第5版)	黄元庆　等	28.00
服装流行学(第2版)	张　星	39.80
服装商品企划学(第二版)	李　俊　王云仪　著	38.00
首饰艺术设计	张晓燕	39.80
针织服装结构设计	谢梅娣　赵　俐	28.00
服装表演概论	肖　彬　张　舰	49.80
服装买手与采购管理	王云仪	32.00
服饰图案设计(第4版)(附盘)	孙世圃	38.00
服装设计师训练教程	王家馨　赵旭堃	38.00
服装工效学(附盘)	张　辉	39.80
服装号型标准及其应用(第3版)	戴　鸿	29.80
服装流行趋势调查与预测(附盘)	吴晓菁	36.00
服装表演策划与编导(附盘)	朱焕良	35.00
针织服装结构CAD设计(附盘)	张晓倩	39.80
服装人体美术基础(附盘)	罗　莹	32.00
内衣设计(附盘)	孙恩乐	34.00
成衣立体构成(附盘)	朱秀丽　郭建南	29.80
中国近现代服装史(附盘)	华　梅	39.80

书目：<u>服装</u>

书　名	作　者	定价(元)
服装生产管理与质量控制(第三版)(附盘)	冯　冀　冯以玫	33.00
服装生产管理(第三版)(附盘)	万志琴　宋惠景	42.00
服装生产工艺与设备(第二版)(附盘)	姜　蕾	38.00
服装市场营销(第三版)(附盘)	刘小红　刘　东	36.00
服装商品企划实务(附盘)	马大力	36.00
服装厂设计(第二版)(附盘)	许树文　李英琳	36.00
服装英语(第三版)(附盘)	郭平建　吕逸华	34.00
服装设计教程(浙江省重点教材)	杨　威	32.00
服装电子商务	张晓倩	32.00
【日本文化女子大学服装讲座】		
服装造型学·理论篇	[日]三吉　满智子	48.00
服装造型学·技术篇Ⅲ(礼服篇)	[日]中屋　典子	36.00
服装造型学·技术篇Ⅲ(特殊材质篇)	[日]中屋　典子	30.00
服装造型学·技术篇Ⅰ	[日]中屋　典子	45.00
服装造型学·技术篇Ⅱ	[日]中屋　典子	48.00
【国际服装丛书·生产技术】		
美国时装样板设计与制作教程(上)	[法]海伦·约瑟夫－阿姆斯特朗著　裘海索　译	
		59.80
服装纸样设计原理与应用	[美]欧内斯廷·科博	48.00
男装样板设计	威尼弗　雷德－奥　尔德里	24.00
美国经典服装制图与打板	吴巧英　译	22.00
美国经典服装推板技术	[美]珍妮·普赖斯	29.80
美国经典立体裁剪－提高篇	海伦－约瑟夫－阿姆斯特	48.00
图解服装缝制手册	刘恒　译	38.00
【新编服装院校系列教材】		
成衣纸样与服装缝制工艺(第2版)	孙兆全	39.80
【其他】		
男装款式和纸样系列设计与训练手册	刘瑞璞　张　宁	35.00
女装款式和纸样系列设计与训练手册	刘瑞璞　王俊霞	42.00
国际化职业装设计与实务	刘瑞璞　常卫民　王永刚	49.80

注　若本书目中的价格与成书价格不同,则以成书价格为准。中国纺织出版社图书营销中心门市、函购电
话:(010)64168231。或登陆我们的网站查询最新书目:中国纺织出版社网址:www.c－textilep.com